はじめに

多くの書籍の中から、**「よくわかる Word 2021ドリル Office 2021／Microsoft 365対応」**を手に取っていただき、ありがとうございます。

本書は、Wordの問題を繰り返し解くことによって実務に活かせる操作スキルを習得することを目的とした練習用のドリルです。FOM出版から提供されている次の2冊の教材と併用してお使いいただくことで、学習効果をより高めることができます。

❶「よくわかる Microsoft Word 2021基礎 Office 2021／Microsoft 365対応（FPT2206）」
❷「よくわかる Microsoft Word 2021応用 Office 2021／Microsoft 365対応（FPT2207）」

本書は、**基礎**→**応用**→**まとめ**の構成になっています。
基礎は教材❶に、**応用**は教材❷にそれぞれ対応しており、章単位で理解度を確認していただくのに適しています。**まとめ**は、Wordの操作を総合的に問う問題になっており、学習の総仕上げとしてお使いいただけます。

また、各問題には、教材❶❷のどこを学習すれば解答を導き出せるかがひと目でわかるように、ページ番号を記載しています。自力で解答できない問題は、振り返って弱点を補強しながら学習を進められます。

本書を学習することで、Wordの知識を深め、実務に活かしていただければ幸いです。

本書を購入される前に必ずご一読ください
本書に記載されている操作方法は、2023年2月現在の次の環境で動作確認しております。
・Windows 11（バージョン22H2　ビルド22621.816）
・Word 2021（バージョン2211　ビルド16.0.15831.20098）
・Microsoft 365のWord（バージョン2301　ビルド16.0.16026.20002）
本書発行後のWindowsやOfficeのアップデートによって機能が更新された場合には、本書の記載のとおりに操作できなくなる可能性があります。あらかじめご了承のうえ、ご購入・ご利用ください。

2023年3月30日
FOM出版

目次

標準解答は、FOM出版のホームページで提供しています。表紙裏の「標準解答のご提供について」を参照してください。

本書をご利用いただく前に

本書で学習を進める前に、ご一読ください。

1 本書の記述について

操作の説明のために使用している記号には、次のような意味があります。

記述	意味	例
[ ]	キーボード上のキーを示します。	Ctrl　Enter
[ ]+[ ]	複数のキーを押す操作を示します。	Ctrl + Home （Ctrl を押しながら Home を押す）
《　》	ダイアログボックス名やタブ名、項目名など画面の表示を示します。	《OK》をクリック 《ファイル》タブを選択
「　」	重要な語句や機能名、画面の表示、入力する文字などを示します。	「学習ファイル」を選択 「Lesson4完成」と入力

OPEN LessonXX　学習の前に開くファイル

基礎 P.XX　**「よくわかる Micosoft Word 2021基礎（FPT2206）」**の参照ページ

応用 P.XX　**「よくわかる Micosoft Word 2021応用（FPT2207）」**の参照ページ

※　補足的な内容や注意すべき内容

HINT　問題を解くためのヒント

POINT　知っておくと役立つ知識やスキルアップのポイント

2 製品名の記載について

本書では、次の名称を使用しています。

正式名称	本書で使用している名称
Windows 11	Windows 11 または Windows
Microsoft Word 2021	Word 2021 または Word
Microsoft Excel 2021	Excel 2021 または Excel

3 本書の見方について

本書は、「よくわかる Microsoft Word 2021基礎（FPT2206）」と「よくわかる Microsoft Word 2021応用（FPT2207）」の章構成にあわせて対応するLessonを用意しています。問題ごとに教材の参照ページを記載しているので、教材を参照しながら学習できます。

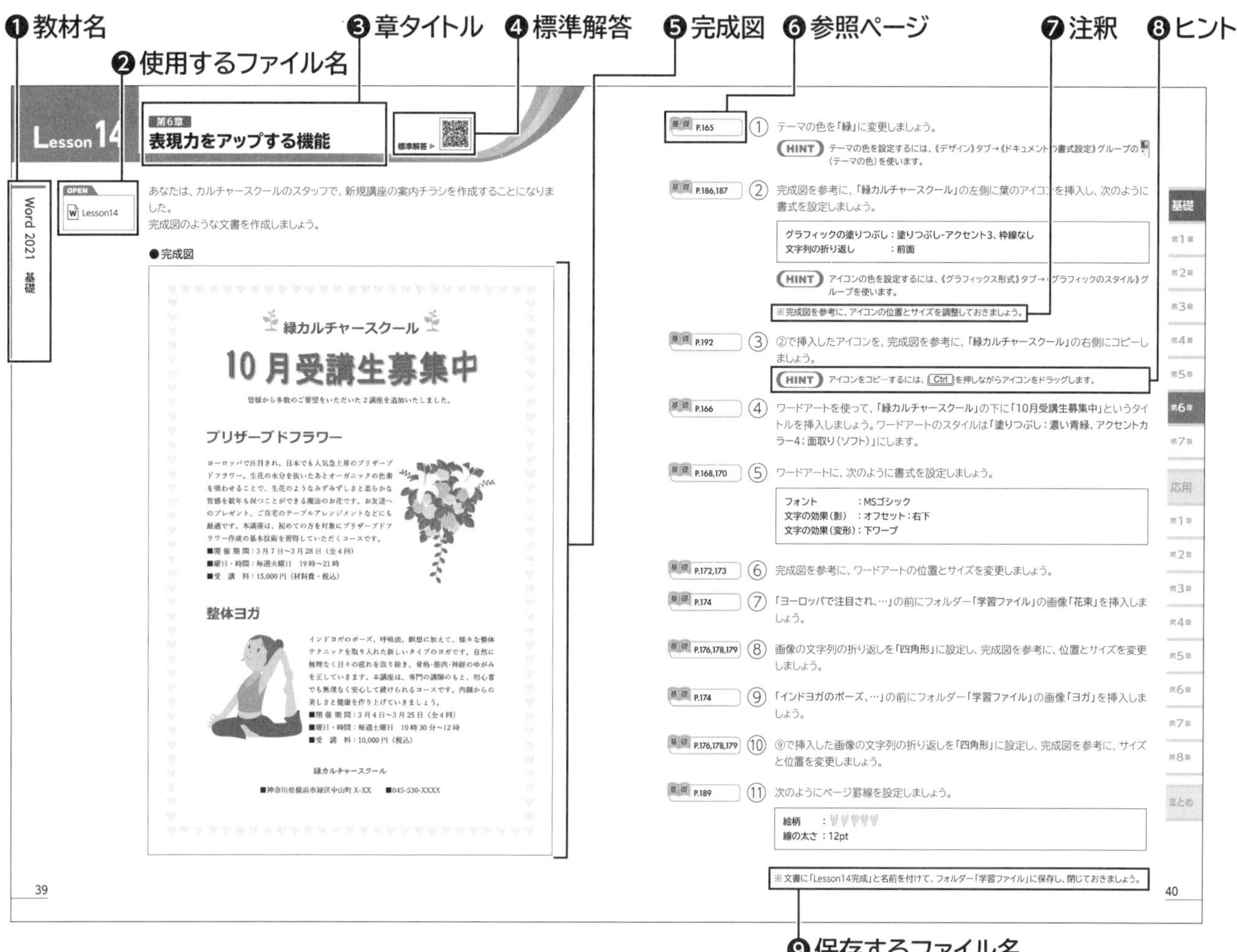

❶教材名

対応する教材名を記載しています。

❷使用するファイル名

Lessonで使用するファイル名を記載しています。

❸章タイトル

対応する章のタイトルを記載しています。

❹標準解答

標準解答を表示するQRコードを記載しています。
標準解答は、FOM出版のホームページで提供しています。
※インターネットに接続できる環境が必要です。

❺完成図

Lessonで作成する文書の完成図です。

❻参照ページ

教材の参照ページを記載しています。

❼注釈

補足的な内容や、注意すべき内容を記載しています。

❽ヒント

問題を解くためのヒントを記載しています。

❾保存するファイル名

作成した文書を保存する際に付けるファイル名を記載しています。
また、Lesson内で使用したファイルについて記載しています。

4 学習環境について

本書を学習するには、次のソフトが必要です。
また、インターネットに接続できる環境で学習することを前提にしています。

Word 2021 または Microsoft 365のWord
Excel 2021 または Microsoft 365のExcel

◆本書の開発環境

本書を開発した環境は、次のとおりです。

OS	Windows 11 Pro(バージョン22H2　ビルド22621.816)
アプリ	Microsoft Office Professional 2021 Word 2021(バージョン2211　ビルド16.0.15831.20098) Excel 2021(バージョン2211　ビルド16.0.15831.20098)
ディスプレイの解像度	1280×768ピクセル
その他	・WindowsにMicrosoftアカウントでサインインし、インターネットに接続した状態 ・OneDriveと同期していない状態

※本書は、2023年2月時点のWord 2021またはMicrosoft 365のWordに基づいて解説しています。
今後のアップデートによって機能が更新された場合には、本書の記載のとおりに操作できなくなる可能性があります。

POINT　OneDriveの設定

WindowsにMicrosoftアカウントでサインインすると、同期が開始され、パソコンに保存したファイルがOneDriveに自動的に保存されます。初期の設定では、デスクトップ、ドキュメント、ピクチャの3つのフォルダーがOneDriveと同期するように設定されています。
本書はOneDriveと同期していない状態で操作しています。
OneDriveと同期している場合は、一時的に同期を停止すると、本書の記載と同じ手順で学習できます。
OneDriveとの同期を一時停止および再開する方法は、次のとおりです。

一時停止

◆通知領域の(OneDrive)→(ヘルプと設定)→《同期の一時停止》→停止する時間を選択
※時間が経過すると自動的に同期が開始されます。

再開

◆通知領域の(OneDrive)→(ヘルプと設定)→《同期の再開》

5 学習時の注意事項について

お使いの環境によっては、次のような内容について本書の記載と異なる場合があります。
ご確認のうえ、学習を進めてください。

◆ボタンの形状

本書に掲載しているボタンは、ディスプレイの解像度を**「1280×768ピクセル」**、ウィンドウを最大化した環境を基準にしています。
ディスプレイの解像度やウィンドウのサイズなど、お使いの環境によっては、ボタンの形状やサイズ、位置が異なる場合があります。
ボタンの操作は、ポップヒントに表示されるボタン名を参考に操作してください。

例

ボタン名	ディスプレイの解像度が低い場合／ウィンドウのサイズが小さい場合	ディスプレイの解像度が高い場合／ウィンドウのサイズが大きい場合
日付と時刻		日付と時刻
ワードアートの挿入		ワードアート

POINT ディスプレイの解像度の設定

ディスプレイの解像度を本書と同様に設定する方法は、次のとおりです。

◆デスクトップの空き領域を右クリック→《ディスプレイ設定》→《ディスプレイの解像度》の→《1280×768》

※メッセージが表示される場合は、《変更の維持》をクリックします。

◆Officeの種類に伴う注意事項

Microsoftが提供するOfficeには**「ボリュームライセンス（LTSC）版」「プレインストール版」「POSAカード版」「ダウンロード版」「Microsoft 365」**などがあり、画面やコマンドが異なることがあります。

本書はダウンロード版をもとに開発しています。ほかの種類のOfficeで操作する場合は、ポップヒントに表示されるボタン名を参考に操作してください。

●Office 2021のLTSC版で《ホーム》タブを選択した状態（2023年2月時点）

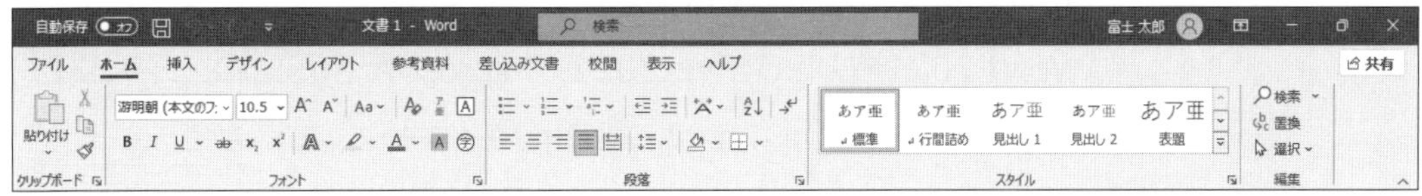

◆アップデートに伴う注意事項

WindowsやOfficeは、アップデートによって不具合が修正され、機能が向上する仕様となっています。そのため、アップデート後に、コマンドやスタイル、色などの名称が変更される場合があります。

本書に記載されているコマンドやスタイルなどの名称が表示されない場合は、任意の項目を選択してください。

※本書の最新情報については、P.7に記載されているFOM出版のホームページにアクセスして確認してください。

POINT お使いの環境のバージョン・ビルド番号を確認する

WindowsやOfficeはアップデートにより、バージョンやビルド番号が変わります。

お使いの環境のバージョン・ビルド番号を確認する方法は、次のとおりです。

Windows 11

◆（スタート）→《設定》→《システム》→《バージョン情報》

Office 2021

◆《ファイル》タブ→《アカウント》→《（アプリ名）のバージョン情報》

※お使いの環境によっては、《アカウント》が表示されていない場合があります。その場合は、《その他》→《アカウント》をクリックします。

6 学習ファイルについて

本書で使用する学習ファイルは、FOM出版のホームページで提供しています。ダウンロードしてご利用ください。

ホームページアドレス

https://www.fom.fujitsu.com/goods/

※アドレスを入力するとき、間違いがないか確認してください。

ホームページ検索用キーワード

FOM出版

◆ダウンロード

学習ファイルをダウンロードする方法は、次のとおりです。

①ブラウザーを起動し、FOM出版のホームページを表示します。
※アドレスを直接入力するか、キーワードでホームページを検索します。

②**《ダウンロード》**をクリックします。

③**《アプリケーション》**の**《Word》**をクリックします。

④**《Word 2021ドリル Office 2021／Microsoft 365対応　FPT2222》**をクリックします。

⑤**《書籍学習用データ》**の**「fpt2222.zip」**をクリックします。

⑥ダウンロードが完了したら、ブラウザーを終了します。
※ダウンロードしたファイルは、パソコン内のフォルダー「ダウンロード」に保存されます。

◆ダウンロードしたファイルの解凍

ダウンロードしたファイルは圧縮されているので、解凍（展開）します。
ダウンロードしたファイル**「fpt2222.zip」**を**《ドキュメント》**に解凍する方法は、次のとおりです。

①デスクトップ画面を表示します。

②タスクバーの（エクスプローラー）をクリックします。

③左側の一覧から**《ダウンロード》**をクリックします。

④ファイル**「fpt2222」**を右クリックします。

⑤**《すべて展開》**をクリックします。

⑥**《参照》**をクリックします。

⑦左側の一覧から**《ドキュメント》**をクリックします。

⑧**《フォルダーの選択》**をクリックします。

⑨**《ファイルを下のフォルダーに展開する》**が**「C:¥Users¥（ユーザー名）¥Documents」**に変更されます。

⑩**《完了時に展開されたファイルを表示する》**を☑にします。

⑪**《展開》**をクリックします。

⑫ファイルが解凍され、**《ドキュメント》**が開かれます。

⑬フォルダー**「Word2021ドリル」**が表示されていることを確認します。
※すべてのウィンドウを閉じておきましょう。

◆学習ファイルの一覧

フォルダー「**Word2021ドリル**」には、学習ファイルが入っています。タスクバーの（エクスプローラー）→《**ドキュメント**》をクリックし、一覧からフォルダーを開いて確認してください。

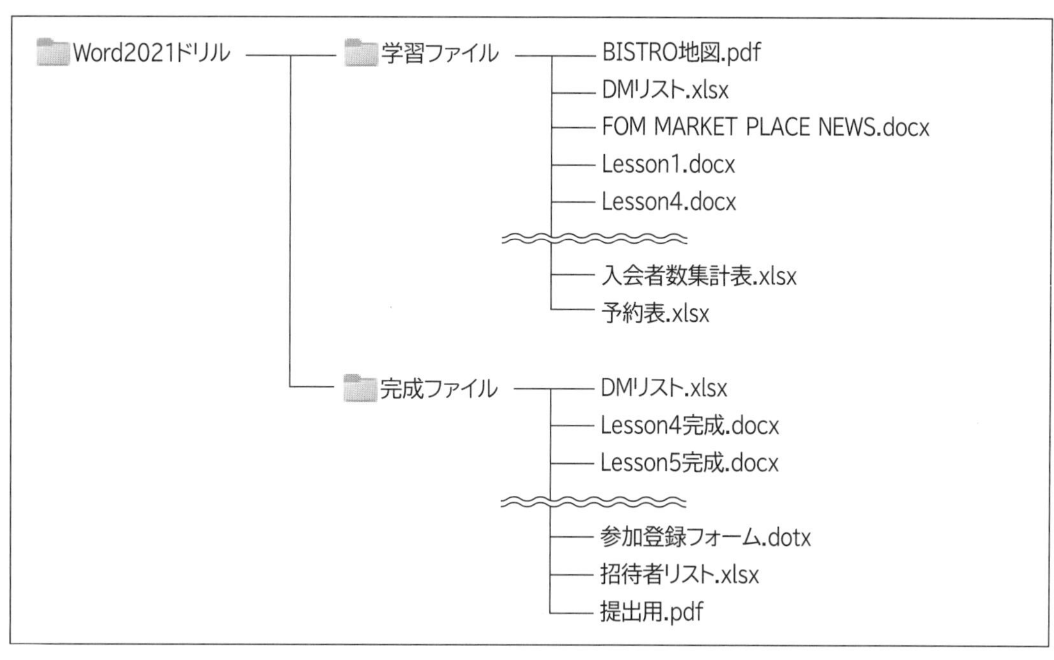

❶フォルダー「学習ファイル」

Lessonで使用するファイルが収録されています。Lessonの指示にあわせて使います。

❷フォルダー「完成ファイル」

Lessonで完成したファイルが収録されています。自分で作成したファイルが問題の指示どおりに仕上がっているか確認するのに使います。

◆学習ファイルの場所

本書では、学習ファイルの場所を《**ドキュメント**》内のフォルダー「**Word2021ドリル**」としています。《**ドキュメント**》以外の場所に解凍した場合は、フォルダーを読み替えてください。

◆学習ファイル利用時の注意事項

編集を有効にする

ダウンロードした学習ファイルを開く際、そのファイルが安全かどうかを確認するメッセージが表示される場合があります。学習ファイルは安全なので、《**編集を有効にする**》をクリックして、編集可能な状態にしてください。

自動保存をオフにする

学習ファイルをOneDriveと同期されているフォルダーに保存すると、初期の設定では自動保存がオンになり、一定の時間ごとにファイルが自動的に上書き保存されます。自動保存によって、元のファイルを上書きしたくない場合は、自動保存をオフにしてください。

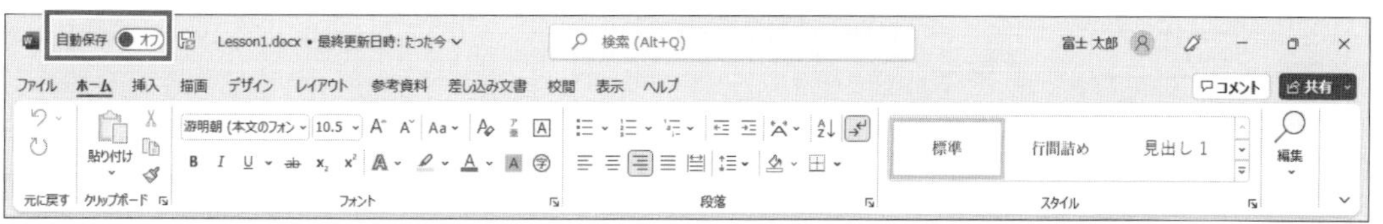

7 Microsoft 365での操作方法

本書はOffice 2021の操作方法をもとに記載していますが、Microsoft 365のWordでもお使いいただけます。
アップデートによって機能が更新された場合は、ご購入者特典として、FOM出版のホームページで操作方法をご案内いたします。

◆特典のご利用方法

スマートフォン・タブレットで表示する

❶スマートフォン・タブレットで下のQRコードを読み取ります。

❷《ご購入者特典を見る》を選択します。
❸本書に関する質問に回答します。
❹《Microsoft 365での操作方法を見る》を選択します。

パソコンで表示する

❶ブラウザーを起動し、次のホームページを表示します。

https://www.fom.fujitsu.com/goods/

※アドレスを入力するとき、間違いがないか確認してください。

❷《ダウンロード》を選択します。
❸《アプリケーション》の《Word》を選択します。
❹《Word 2021ドリル Office 2021／Microsoft 365対応　FPT2222》を選択します。
❺《ご購入者特典を見る》を選択します。
❻本書に関する質問に回答します。
❼《Microsoft 365での操作方法を見る》を選択します。

8 本書の最新情報について

本書に関する最新のQ&A情報や訂正情報、重要なお知らせなどについては、FOM出版のホームページでご確認ください。

ホームページアドレス

https://www.fom.fujitsu.com/goods/

※アドレスを入力するとき、間違いがないか確認してください。

ホームページ検索用キーワード

FOM出版

Basic Microsoft® Word 2021

基礎

第1章

Wordの基礎知識

標準解答 ▶

次のように文書を操作しましょう。

※ 標準解答は、FOM出版のホームページで提供しています。表紙裏の「標準解答のご提供について」を参照してください。

▶ 閲覧モードで表示

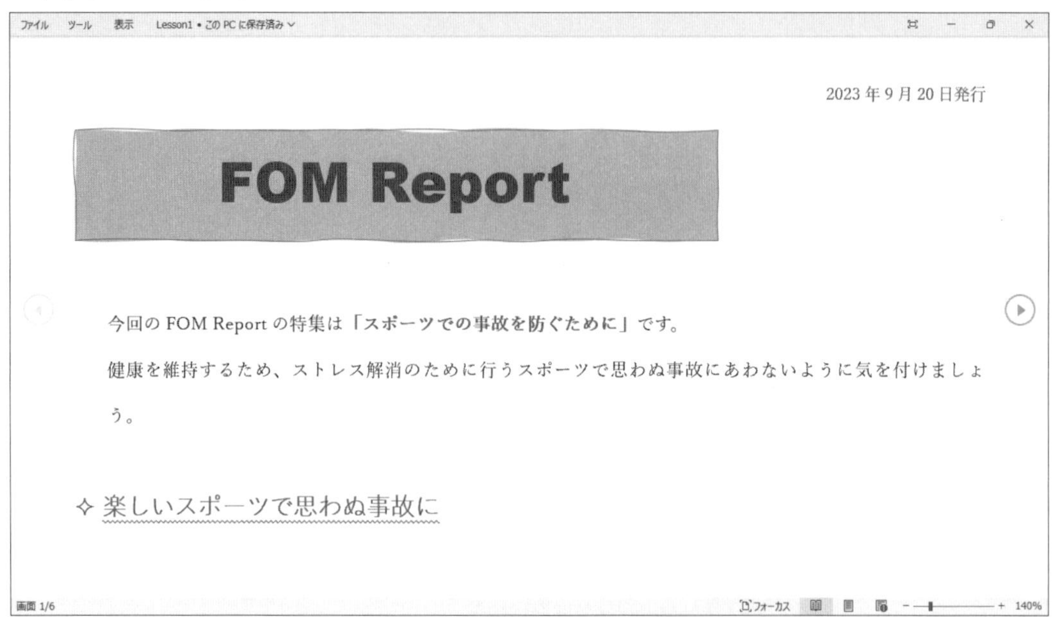

▶ ページ幅を基準に表示

基礎 P.14 ① Wordを起動しましょう。

基礎 P.16 ② 文書「Lesson1」を開きましょう。
※文書「Lesson1」は《ドキュメント》のフォルダー「Word2021ドリル」のフォルダー「学習ファイル」に保存されています。

基礎 P.20 ③ 画面を下にスクロールして、1ページ目の内容を確認しましょう。

基礎 P.20 ④ 次のページにスクロールして、2ページ目の内容を確認しましょう。
次に、1ページ目の文頭を表示しましょう。

基礎 P.21 ⑤ 表示モードを「**閲覧モード**」に切り替えましょう。

基礎 P.23 ⑥ 文書内の表を拡大しましょう。

基礎 P.21 ⑦ 表示モードを「**印刷レイアウト**」に切り替えましょう。

基礎 P.24 ⑧ 画面の表示倍率を「**70%**」に変更しましょう。

基礎 P.24 ⑨ 画面の表示倍率を「**ページ幅を基準に表示**」に変更しましょう。

基礎 P.25 ⑩ カーソルを文末に移動し、文書「Lesson1」を閉じましょう。

基礎 P.15 ⑪ 文書「Lesson1」を開きましょう。

HINT 以前開いた文書を再度開くには、《ファイル》タブ→《ホーム》→《最近使ったアイテム》の一覧から選択すると効率的です。

基礎 P.27 ⑫ 文書を閉じたときに表示していた位置にジャンプしましょう。

基礎 P.28 ⑬ Wordを終了しましょう。

文字の入力

標準解答 ▶ 

OPEN

新しい文書

次のように文章を入力しましょう。
※英数字は、半角で入力しましょう。

① インターネットで旅行先の情報を検索する。

② 明日の降水確率は40%です。

③ そんなことが本当に起きるのですか!?

④ その事件はTVのニュース速報で知った。

⑤ 27Fにオフィスを構えた。

基礎 P.45

⑥ 明日のAM6:00～PM3:00は通行止めになります。

HINT 「～」は「から」と入力して変換します。

⑦ 4桁のパスワードは「****」で表示されます。

⑧ 商品代金は¥3,300(税込)です。

⑨ A+B=50

⑩ https://www.fom.fujitsu.com/goods/

⑪ YESまたはNOのどちらかに○をつけてください。

HINT 「○」は「まる」と入力して変換します。

⑫ 主電源のON/OFFは、スイッチを押して切り替えます。

⑬ Happy Birthday♪

HINT 「♪」は「おんぷ」と入力して変換します。

⑭ 「眠れる森の美女」の原題は「Sleeping Beauty」だ。

⑮ レモン1個あたりのビタミンC含有量は20㎎です。

HINT 「㎎」は「みりぐらむ」と入力して変換します。

⑯ 夢はホノルルマラソンで42.195㌔を走りきることです!

HINT 「㌔」は「きろ」と入力して変換します。

⑰ コミュニケーションセンターでは、7月7日に蕎麦打ち大会を開催します。多数のご参加をお待ちしています。

⑱ 10月は神無月と呼ばれています。これは10月には全国の神様が、会議をするために出雲に集まってしまうため、各地の神様がいなくなるということからそう呼ばれるようになったそうです。

基礎 P.46

⑲ 〒140-0001東京都品川区北品川

HINT 「〒」は「ゆうびん」と入力して変換します。

⑳ 河邨沙織(かわむらさおり)と申します。

基礎 P.53

㉑ ⑩で入力した「https://www.fom.fujitsu.com/goods/」を、次のように辞書に登録しましょう。

よみ ：あどれす **品詞 ：短縮よみ**

基礎 P.54

㉒ ㉑で登録した単語を呼び出しましょう。

基礎 P.54

㉓ ㉑で登録した単語を削除しましょう。

基礎 P.57

㉔ IMEパッドの手書きアプレットを使って、「艸」(くさ)と入力しましょう。

基礎 P.59

㉕ 文書を保存せずにWordを終了しましょう。

第2章

文字の入力

標準解答▶ 

OPEN

新しい文書

次のように文章を入力しましょう。
※英数字は、半角で入力しましょう。

①

「目は口ほどに物を言う」と言われるだけあって、目は顔の表情を決める重要な要素です。自信のあるときは、目に力があり堂々とした目になります。自信がないときは、伏し目がちになったり目が泳いだりします。

②

「揚げサバ夏野菜のマリネ」は脳(神経細胞)の働きを高めるDHAを含むサバをから揚げにし、たっぷりの夏野菜と一緒にした夏らしいマリネです。パプリカやセロリからは各種ビタミン・ミネラルを、トマトからは老化防止作用もあるリコピンをとることができます。

③

地球の大気は、惑星衝突の結果、生まれてきたものだと言われています。衝突のときに惑星に含まれていた水と炭酸ガスが蒸発して大気となり、地表の温度が下がるにつれ大気中の水蒸気が雨となって地上に降り注ぎました。この雨が原始の海になったようです。今の海とは多少異なり、原始の海には二酸化炭素や亜硫酸ガスなどが多く含まれていたと考えられています。

④

油脂類の加工品には、植物性油脂と動物性油脂があります。
植物性油脂は大豆・菜種・米ぬか・ごまなどの脂肪を採油し、それを精製して食用油とします。原料からの採油率は、原料や採油法によって異なりますが10%～50%くらいです。ほとんどが常温で液体です。
天ぷら油は、採油した原油を精製し、脱色したり脱臭したりして遊離脂肪酸を除いたものですが、ごま油のように特有の香りを生かすものは、一部の工程を省略することもあります。サラダ油は精製度のさらに高いものです。
動物性油脂にはバターやラードなどがあります。植物性油脂と比較すると一般に安価ですが、傷みやすいので取り扱いに注意が必要です。

⑤

フランスのワインにおける二大産地はボルドーとブルゴーニュです。ボルドーは、フランス南西部に位置します。酸味やタンニンの渋みなどのバランスがとれた、味わい深いワインが特徴です。それに対し、ブルゴーニュは、フランス中東部に位置し、華やかで香りの高い白ワインが有名です。
イタリアのワイン産地は多彩で、南北に細長い地形のためワインの風味は様々です。値段もお手頃なので、パスタと共に気軽に味わってはいかがでしょうか。
ドイツのワインは、北緯50度という厳しい条件の中で工夫して作られた糖度の高いブドウが原料です。フルーティーな甘さと、きめ細かい酸味が特徴なので、デザートワインとして楽しむとよいでしょう。
日本のワイン作りの特徴は、その原料となるブドウの品種です。日本の気候では、ヨーロッパ系のブドウは育ちにくいため、マスカットやベリーA種、在来の甲州種などが主な原料となっています。日本人の味覚や和食に合うものが多いので、ぜひお試しください。

⑥

太陽光線は、健康に良い面と悪い面の二面性があります。例えば、日光は明るさと暖かさをもたらすだけでなく、人間の体内にビタミンDを生成させるなど健康に大切な役割を果たします。また、殺菌効果もあるので布団や衣類の殺菌に有効です。一方、日焼けを起こし、しみ・そばかすが増え、皮膚の老化が進むなどの悪影響もあります。最近では、オゾン層の破壊で皮膚がんの心配もでてきました。
太陽光線には紫外線、可視光線、赤外線などがあります。その中でも、紫外線は生物への影響によって次の3つに分かれます。
UV-A（長波長紫外線）
「生活紫外線」と呼ばれ、熱を持たずじわじわと真皮（表皮の下にあり、繊維質を含む）まで届き、メラニン色素を増やして真皮内の弾力繊維を変成させ、老化を招きます。知らず知らずに浴びているので気をつけましょう。
UV-B（中波長紫外線）
「レジャー紫外線」と呼ばれ、表皮（皮膚の一番外側の部分）でほとんど吸収するので、急激な日焼けを起こします。
UV-C（短波長紫外線）
皮膚がんの原因になると言われています。地球を包む成層圏オゾン層によって、太陽光線のうちUV-Cの大部分が吸収されます。つまり、通常はUV-AとUV-Bの一部しか届きません。しかし、近年オゾン量が減少し、今まで届かなかったUV-Cも届きやすくなってきました。オゾン量が1%減ると有害紫外線量が2%増えると言われており、皮膚がんなどの疾患が増えると心配されています。
長時間日光にあたらないこと、物理的に日光を避けること、日焼け止めを利用するなど自己ケアを怠らないようにしましょう。

基礎 P.53

⑦ 「『きのこ』」を、次のように辞書に登録しましょう。

よみ：き
品詞：短縮よみ

HINT 「『』」は「かっこ」と入力して変換します。

基礎 P.54

⑧ ⑦で登録した単語を使って、次のように文章を入力しましょう。

『きのこ』は、古代ローマ時代から食され、我が国で、紀元前より遺物が発見されています。古代より食されている『きのこ』の栽培が本格的に始まったのは、奈良、平安時代と言われています。
『きのこ』には、食物繊維が多く含まれています。食物繊維には不溶性と水溶性の2種類がありますが、『きのこ』にはその両方が含まれています。不溶性の食物繊維は腸の動きを活発にしてくれます。また、ビフィズス菌などの善玉菌が増えるので、腸内の環境も整えてくれます。それに対して、水溶性の食物繊維は糖や脂肪、塩分などを摂取したときに体内に吸収されにくくし、スムーズに体の外に出そうとしてくれます。
『きのこ』には、ビタミン（特にビタミンB2）も多く含まれています。ビタミンB2は皮脂の分泌を正常に保ってくれます。また、摂取した脂質や糖質、たんぱく質をエネルギーに変える手助けを行い、体に余分な脂肪を蓄積しないようにしてくれます。ビタミン、ミネラル、カリウムを豊富に含んだ低カロリーの食材ということもあり、生活習慣病などの予防に多く食されています。
この素晴らしいパワーを持っている『きのこ』を日々の食生活にうまく取り入れて、健康維持、増進を心掛けましょう。

基礎 P.54

⑨ ⑦で登録した単語を削除しましょう。

基礎 P.59

⑩ 文書を保存せずにWordを終了しましょう。

文書の作成

標準解答▶

OPEN

あなたは、サービスセンターの受付業務をしており、受付時間変更についてのお知らせを作成することになりました。
完成図のような文書を作成しましょう。

●完成図

2023年2月10日

お取引先各位

AI電器株式会社

サービスセンター受付時間変更のお知らせ

拝啓　春寒の候、貴社ますますご盛栄のこととお慶び申し上げます。平素は格別のお引き立てをいただき、厚く御礼申し上げます。

このたび、2023年4月1日より、サービスセンターの受付時間を下記のとおり変更いたします。

ご利用中の皆様には大変ご不便をおかけいたしますが、何卒ご理解を賜りますようお願い申し上げます。

敬具

記

- **修理受付センター**
  変更前）午前9時～午後6時（日曜定休）
  変更後）午前10時～午後6時（年中無休）
- **部品受注センター**
  変更前）午前9時～午後7時（日曜定休）
  変更後）午前10時～午後7時（年中無休）
- **カスタマーセンター**
  変更前）午前9時～午後8時（日曜定休）
  変更後）午前10時～午後8時（年中無休）

以上

基礎 P.64

① 次のようにページのレイアウトを設定しましょう。

用紙サイズ　：A4
印刷の向き　：縦
余白　　　　：上・下・左・右 35mm
1ページの行数：30行

基礎 P.66

② 編集記号を表示しましょう。

基礎 P.66

③ 「日付と時刻」を使って1行目に本日の日付を発信日付として入力し、改行しましょう。
日付の表示形式は「○○○○年○月○日」にします。

基礎 P.68,69,71

④ 次のように文章を入力しましょう。
※入力を省略する場合は、フォルダー「学習ファイル」の文書「Lesson4」を開き、⑤に進みましょう。

お取引先各位↵
AI電器株式会社↵
↵
サービスセンター受付時間変更のお知らせ↵
↵
拝啓□春寒の候、貴社ますますご盛栄のこととお慶び申し上げます。平素は格別のお引き立てをいただき、厚く御礼申し上げます。↵
□このたび、2023年4月1日より、サービスセンターの受付時間を下記のとおり変更いたします。↵
□ご利用中の皆様には大変ご不便をおかけいたしますが、何卒ご理解を賜りますようお願い申し上げます。↵

敬具↵

↵

記↵

↵
修理受付センター↵
変更前）午前9時～午後6時　（日曜定休）↵
変更後）午前10時～午後6時　（年中無休）↵
部品受注センター↵
変更前）午前9時～午後7時　（日曜定休）↵
変更後）午前10時～午後7時　（年中無休）↵
カスタマーセンター↵
変更前）午前9時～午後8時　（日曜定休）↵
変更後）午前10時～午後8時　（年中無休）↵
↵

以上

※↵で Enter を押して改行します。
※□は全角空白を表します。

HINT あいさつ文の入力は、《あいさつ文》ダイアログボックスを使うと効率的です。

基礎 P.80

⑤ 発信日付「○○○○年○月○日」と発信者名「AI電器株式会社」をそれぞれ右揃えにしましょう。

基礎 P.80,87-90

⑥ タイトル「サービスセンター受付時間変更のお知らせ」に、次のように書式を設定しましょう。

> フォント　　　：MS明朝
> フォントサイズ：18ポイント
> 太字
> 波線の下線
> 中央揃え

基礎 P.83

⑦ 「修理受付センター」「部品受注センター」「カスタマーセンター」に、7文字分の左インデントを設定しましょう。
次に、それぞれの変更前と変更後の時間の行に9文字分の左インデントを設定しましょう。

HINT 離れた場所にある複数の範囲を選択するには、Ctrl を押しながら範囲を選択します。

基礎 P.86,87,89,90

⑧ 「修理受付センター」「部品受注センター」「カスタマーセンター」に、次のように書式を設定しましょう。

> フォントサイズ：12ポイント
> 太字
> 一重下線
> 箇条書き　　　：●

HINT 箇条書きを設定するには、《ホーム》タブ→《段落》グループの（箇条書き）を使います。

基礎 P.66

⑨ 編集記号を非表示にしましょう。

基礎 P.91

⑩ 文書に「Lesson4完成」と名前を付けて、フォルダー「Word2021ドリル」のフォルダー「学習ファイル」に保存しましょう。

※Wordを終了しておきましょう。

文書の作成

標準解答 ▶ 

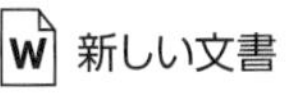
新しい文書

あなたは、総務部に所属しており、社内で行われるイベントの案内文を作成することになりました。
完成図のような文書を作成しましょう。

●完成図

2023年4月13日

社員各位

総務部長

ウォーキングイベントのご案内

4月に統合した横浜事務所・川崎事務所・鎌倉事務所の親睦を深めることを目的に、下記のとおりウォーキングイベントを開催いたします。

大空の下、日々の忙しさを忘れて、気分転換の一日を過ごしませんか。皆様お誘い合わせのうえ、ぜひご参加ください。

記

1. 開催日　2023年5月14日（日）
2. 開催時間　午前10時～午後2時
3. 集合場所　鎌倉駅　西口広場
4. 当日連絡先　090-XXXX-XXXX
5. 参加費　1,000円
6. 申込方法　参加者名をメールで連絡（宛先：soumu@xx.xx）

以上

担当：高柳　浩
内線：5014-XXXX

基礎 第1章 第2章 第3章 第4章 第5章 第6章 第7章 応用 第1章 第2章 第3章 第4章 第5章 第6章 第7章 第8章 まとめ

基礎 P.66　① 編集記号を表示しましょう。

基礎 P.66,71　② 次のように文章を入力しましょう。

※入力を省略する場合は、フォルダー「学習ファイル」の文書「Lesson5」を開き、③に進みましょう。

2023年4月13日↵
社員各位↵
総務部長↵
↵
ウォーキングイベントのご案内↵
↵
□4月に統合した横浜事務所・川崎事務所・鎌倉事務所の親睦をより一層深めることを目的に、下記のとおりウォーキングイベントを開催いたします。↵
□日々の忙しさを忘れて、気分転換の一日を大空の下、過ごしませんか。皆様お誘い合わせのうえ、ぜひご参加ください。↵
↵
記↵
↵
開催日□□□□2023年5月14日（日）↵
開催時間□□□午前10時～午後2時↵
集合場所□□□鎌倉駅□西口広場↵
当日連絡先□□090-XXXX-XXXX↵
参加費□□□□1,000円↵
申込方法□□□参加者名をメールで連絡（宛先：soumu@xx.xx）↵
↵
以上↵
↵
担当：高柳□浩↵
内線：5014-XXXX

※↵で[Enter]を押して改行します。
※□は全角空白を表します。

基礎 P.74　③ 「より一層」を削除しましょう。

基礎 P.78　④ 「大空の下、」を「日々の忙しさを忘れて」の前に移動しましょう。

基礎 P.80　⑤ 発信日付「2023年4月13日」と発信者名「総務部長」をそれぞれ右揃えにしましょう。

基礎 P.80,87,88,90　⑥ タイトル「ウォーキングイベントのご案内」に、次のように書式を設定しましょう。

フォント　　　：MSPゴシック
フォントサイズ：24ポイント
二重下線
フォントの色　：緑、アクセント6、黒＋基本色25%
中央揃え

基礎 P.83　⑦ 「開催日…」で始まる行から「申込方法…」で始まる行に7文字分の左インデントを設定しましょう。

基礎 P.85　⑧ 「開催日…」で始まる行から「申込方法…」で始まる行に「1.2.3.」の段落番号を付けましょう。

基礎 P.84　⑨ ルーラーを表示しましょう。

HINT ルーラーを表示するには、《表示》タブ→《表示》グループを使います。

基礎 P.84　⑩ 完成図を参考に、水平ルーラーのインデントマーカーを使って、「担当：高柳　浩」と「内線：5014-XXXX」を約32文字の位置に配置しましょう。

HINT 水平ルーラーの□（左インデント）を使います。

基礎 P.97　⑪ 文書を1部印刷しましょう。

基礎 P.91　⑫ 文書に「Lesson5完成」と名前を付けて、フォルダー「Word2021ドリル」のフォルダー「学習ファイル」に保存しましょう。

※Wordを終了しておきましょう。

文書の作成

標準解答 ▶ 

OPEN

新しい文書

あなたは、マンションの管理組合の事務局を担当しており、総会の案内文を作成することになりました。
完成図のような文書を作成しましょう。

●完成図

2023年4月1日

各位

Sky Village マンション管理組合
理事長　田中　誠

2023年度通常総会のお知らせ

拝啓　時下ますますご清栄のこととお慶び申し上げます。平素は、当管理組合の運営にご協力・ご支援をいただき、厚く御礼申し上げます。
　さて、恒例ではございますが、本年度の通常総会を下記のとおり開催いたします。ご多用中とは存じますが、ご出席くださいますようお願い申し上げます。
　なお、同封の出欠通知書につきましては、4月17日までにご返送くださいますようお願い申し上げます。

敬具

記

1.　日　時：4月22日（土）
　　　　　　午後2時～午後5時
2.　場　所：マンション内コミュニティールーム
3.　議　題：前年度組合活動報告
　　　　　　本年度組合活動計画
　　　　　　修繕積立金の運用について

以上

お問い合わせ：事務局　谷川
連絡先：090-3333-XXXX

基礎 P.64

① 次のようにページのレイアウトを設定しましょう。

用紙サイズ：B5
印刷の向き：縦

基礎 P.66,68,69,71

② 次のように文章を入力しましょう。
※入力を省略する場合は、フォルダー「学習ファイル」の文書「Lesson6」を開き、③に進みましょう。

2023年4月1日↵
各位↵
Sky␣Villageマンション管理組合↵
理事長□田中□誠↵
↵
2023年度通常総会のお知らせ↵
↵
拝啓□時下ますますご清栄のこととお慶び申し上げます。平素は、当管理組合の運営にご協力・ご支援をいただき、厚く御礼申し上げます。↵
□さて、恒例ではございますが、本年度の通常総会を下記のとおり開催いたします。ご多用中とは存じますが、ご出席くださいますようお願い申し上げます。↵
□なお、同封の出欠通知書につきましては、4月17日までにご返送くださいますようお願い申し上げます。↵
敬具↵
↵
記↵
↵
日□時：4月22日（土）↵
午後2時～午後5時↵
場□所：マンション内コミュニティールーム↵
議□題：前年度組合活動報告↵
本年度組合活動計画↵
修繕積立金の運用について↵
↵
以上↵
↵
お問い合わせ：事務局□谷川↵
連絡先：090-3333-XXXX

※↵で Enter を押して改行します。
※␣は半角空白を表します。
※□は全角空白を表します。

基礎 P.80

③ 発信日付「2023年4月1日」と発信者名「Sky Villageマンション管理組合」、「理事長　田中　誠」をそれぞれ右揃えにしましょう。

基礎
第1章
第2章
第3章
第4章
第5章
第6章
第7章
応用
第1章
第2章
第3章
第4章
第5章
第6章
第7章
第8章
まとめ

基礎 P80,87-89 ④ タイトル「2023年度通常総会のお知らせ」に、次のように書式を設定しましょう。

フォント　　　：MSPゴシック フォントサイズ：20ポイント 太字 斜体 中央揃え

基礎 P.83 ⑤ 「日　時：4月22日（土）」「場　所：マンション内コミュニティールーム」「議　題：前年度組合活動報告」に、6文字分の左インデントを設定しましょう。

基礎 P.85 ⑥ 「日　時：4月22日（土）」「場　所：マンション内コミュニティールーム」「議　題：前年度組合活動報告」に「1.2.3」の段落番号を付けましょう。

基礎 P.83 ⑦ 「午後2時～午後5時」「本年度組合活動計画」「修繕積立金の運用について」に、12文字分の左インデントを設定しましょう。

基礎 P.83 ⑧ 「お問い合わせ：事務局　谷川」と「連絡先：090-3333-XXXX」に、20文字分の左インデントを設定しましょう。

HINT 設定する左インデントの文字数が多い場合は、《レイアウト》タブ→《段落》グループの 左:（左インデント）を使うと効率的です。

基礎 P.91 ⑨ 文書に「Lesson6完成」と名前を付けて、フォルダー「Word2021ドリル」のフォルダー「学習ファイル」に保存しましょう。

基礎 P.94,96,97 ⑩ 印刷イメージを確認し、次のようにページのレイアウトを調整して2部印刷しましょう。

余白　　　　：上　30mm 1ページの行：30行

基礎 P.93 ⑪ 文書を上書き保存しましょう。

※文書を閉じておきましょう。

表の作成

標準解答▶

OPEN

あなたは、ビジネススクールのスタッフで、セミナーの案内文を作成することになりました。完成図のような文書を作成しましょう。

●完成図

2023年4月6日

お客様各位

Jump マネースクール
セミナー担当

株式体験セミナーのご案内

拝啓　陽春の候、ますます御健勝のこととお喜び申し上げます。平素は格別のお引き立てを賜り、ありがたく厚く御礼申し上げます。

　このたび、お客様よりご要望の多かった「株式体験セミナー」を下記のとおり開催いたします。「申込書」に必要事項をご記入いただき、4月28日までに同封の返信封筒でご返送ください。

敬具

セミナー日程表

コース	開催日	時間	受講料（税込）
はじめてのネット株	5月9日（火）	18:30～20:00	¥3,300
実践！株式講座	5月15日（月）	19:00～21:00	¥3,300
テクニカル分析講座入門編	5月26日（金）	19:00～21:00	¥3,300
丸ごとわかるFX	5月31日（水）	19:00～21:00	¥3,300

申　込　書

氏名		ふりがな	
住所			
電話番号			
希望コース			

基礎 P.105 ① 「セミナー日程表」の下の行に4行4列の表を作成しましょう。

基礎 P.106 ② ①で作成した表に、次のように文字を入力しましょう。

コース	開催日	時間	受講料(税込)
はじめてのネット株	5月9日(火)	18:30~20:00	¥3,300
実践!株式講座	5月15日(月)	19:00~21:00	¥3,300
テクニカル分析講座↵ 入門編	5月26日(金)	19:00~21:00	¥3,300

※↵で Enter を押して改行します。

基礎 P.113 ③ 「セミナー日程表」の表全体の列の幅を、セル内の最長データに合わせて自動調整しましょう。

HINT 表全体の列の幅を一括して変更するには、表全体を選択して調整すると効率的です。

基礎 P.110 ④ 「セミナー日程表」の表の最終行に1行追加し、次のように文字を入力しましょう。

丸ごとわかるFX	5月31日(水)	19:00~21:00	¥3,300

基礎 P.114 ⑤ 「セミナー日程表」の表の2~5行目の行の高さを等間隔にそろえましょう。

HINT 行の高さを均等にするには、《レイアウト》タブ→《セルのサイズ》グループの 高さを揃える (高さを揃える)を使います。

基礎 P.118 ⑥ 「セミナー日程表」の表の項目名を、セル内で「中央揃え」に設定しましょう。

基礎 P.118,119 ⑦ 「セミナー日程表」の表のセル内の文字の配置を、次のように設定しましょう。

2行1列目~5行3列目:中央揃え(左)
2~5行4列目　　　　:中央揃え(右)

基礎 P.105 ⑧ 「申　込　書」の下の行に4行4列の表を作成しましょう。

基礎 P.106 ⑨ ⑧で作成した表に、次のように文字を入力しましょう。

氏名		ふりがな	
住所			
電話番号			
希望コース			

基礎 P.112 ⑩ 完成図を参考に、「**申　込　書**」の表の1列目と3列目の列の幅を変更しましょう。表全体の列の幅は変更されないように調整します。

基礎 P.116 ⑪ 完成図を参考に、「**申　込　書**」の表の2行2～4列目、3行2～4列目、4行2～4列目のセルをそれぞれ結合しましょう。

基礎 P.114 ⑫ 完成図を参考に、「**申　込　書**」の表の2行目の行の高さを変更しましょう。

基礎 P.118 ⑬ 「**申　込　書**」の表の項目名をセル内で「**中央揃え**」に設定しましょう。

基礎 P.121 ⑭ 「**セミナー日程表**」の表を行の中央に配置しましょう。

基礎 P.122 ⑮ 「**セミナー日程表**」の表の1行目の下側の罫線を、次のように変更しましょう。

種類　　：═════
線の太さ：0.75pt

基礎 P.124 ⑯ 「**セミナー日程表**」の表の項目名と「**申　込　書**」の表の項目名に「**ゴールド、アクセント4、白+基本色60%**」の塗りつぶしを設定しましょう。

基礎 P.129 ⑰ 「**申　込　書**」の上の行に、次のように段落罫線を引きましょう。

種類　　：- - - - - - - -
線の太さ：1pt
位置　　：段落の下

※文書に「Lesson7完成」と名前を付けて、フォルダー「学習ファイル」に保存し、閉じておきましょう。

表の作成

標準解答 ▶

OPEN
Lesson8

あなたは、着付け教室のスタッフで、着付け小物販売に関する申込書を作成することになりました。
完成図のような文書を作成しましょう。

●完成図

着付け小物販売について

申　込　書

当教室では着付けに必要な小物を販売しております。
お持ちでない方は、以下にご記入いただき、代金を添えて担当講師までお渡しください。
※代金は、できるだけお釣りのないようにお願いいたします。

【着付け小物】

購入	商品名	サイズ	価格（税込）
	ウエストベルト		600円
	腰紐（3本セット）		1,000円
	伊達締め		1,900円
	コーリンベルト		800円
	衿芯（2枚セット）		300円
	帯板		1,200円
	帯枕		1,000円
	肌襦袢	M・L	1,600円
	裾除け	M・L	1,500円
	クリップ（5個セット）		1,200円
	足袋	cm	800円

※必要な項目に○をつけて、サイズをご指定ください。

【合計金額】

教室名	受講番号	氏名（ふりがな）	合計金額
			円

基礎 P.110 ① 「【着付け小物】」の表の9行目の下に1行挿入し、次のように文字を入力しましょう。

	裾除け	M・L	1,500円

基礎 P.111 ② 「【着付け小物】」の表の「肌襦袢・裾除けセット」の行を削除しましょう。

基礎 P.122 ③ 完成図を参考に、「【着付け小物】」の表の「サイズ」の空欄に、次のように右上がりの斜め罫線を引きましょう。

種類　　：――――――
線の太さ：0.5pt
色　　　：自動

基礎 P.121 ④ 「【着付け小物】」の表を行の中央に配置しましょう。

基礎 P.117 ⑤ 完成図を参考に、「【合計金額】」の表の1列目を2列に分割し、次のように文字を入力しましょう。

受講番号

基礎 P.114 ⑥ 「【合計金額】」の表の2行目の行の高さを「15mm」に変更しましょう。

HINT 行の高さを数値で設定するには、《レイアウト》タブ→《セルのサイズ》グループの（行の高さの設定）を使います。

基礎 P.118 ⑦ 「【合計金額】」の表の「円」のセルを「下揃え（右）」に設定しましょう。

基礎 P.124 ⑧ 「【着付け小物】」の表と「【合計金額】」の表のそれぞれ1行目に「緑、アクセント6、白+基本色80%」の塗りつぶしを設定しましょう。

基礎 P.130 ⑨ 「【合計金額】」の2行上に水平線を挿入しましょう。

HINT 水平線を挿入するには、《ホーム》タブ→《段落》グループの（罫線）を使います。

※文書に「Lesson8完成」と名前を付けて、フォルダー「学習ファイル」に保存し、閉じておきましょう。

第4章

表の作成

標準解答 ▶

OPEN

Lesson9

あなたは、人事部でキャリア支援を担当しており、50歳代の社員を対象としたセミナーの案内文を作成することになりました。
完成図のような文書を作成しましょう。

●完成図

Nice Life セミナー参加者募集

50 歳代の方を対象に、定年後の生活設計や生きがいなどについて考えるための
「Nice Life セミナー」を開催します。

◆「Nice Life セミナー」詳細

・日程　：2023 年 4 月 15 日（土）～16 日（日）
・場所　：ヴィラ高原研修所
・応募方法　：人事部ホームページの申込フォーム
・スケジュール：

日程	時間	内容
1 日目	10:00	開講式
	10:30	講演「ビジネスパーソンの生活と生きがい」
	12:00	昼食
	13:30	講座「実生活に役立つ年金」
	15:30	講座「実生活に役立つ健康保険と雇用保険」
	17:00	年金相談　※希望者のみ
	18:00	夕食・懇親会
2 日目	8:00	朝食・ラジオ体操
	9:30	講座「これからの生活設計と経済プラン」
	12:00	昼食
	13:30	セミナーのまとめ・質疑応答
	15:00	閉講式・解散

◆参考：Nice Life セミナーの概要

	Nice Life セミナー	Nice Life セミナー＜続編＞
セミナー内容	定年後の生活設計や生きがいについて	定年後の健康管理について
対象者	50 歳代の正社員とその配偶者	Nice Life セミナー受講済みの方
日程	1 泊 2 日	1 日
参加費（税込）	16,000 円／1 人（食費・宿泊費込）	5,000 円（食費込）

※Nice Life セミナー＜続編＞は、9 月頃を予定しています。

担当：人事部　高口

基礎 P.112 ① 完成図を参考に、上の表の1列目と2列目の列の幅を変更しましょう。表全体の列の幅は変更されないように調整します。

基礎 P.110 ② 完成図を参考に、上の表の3行目の下に1行挿入し、次のように文字を入力しましょう。

	12:00	昼食

基礎 P.116 ③ 完成図を参考に、上の表の2～8行1列目、9～13行1列目のセルをそれぞれ結合しましょう。

基礎 P.126,127 ④ 上の表にスタイル「グリッド（表）4-アクセント1」を適用しましょう。
次に、1列目の強調を解除しましょう。

基礎 P.124 ⑤ 上の表の「1日目」のセルの塗りつぶしを「色なし」に設定しましょう。

基礎 P.122 ⑥ 上の表の1行目の下側の罫線を、次のように変更しましょう。

種類　　：══════
線の太さ：0.25pt
色　　　：青、アクセント1

基礎 P.112 ⑦ 完成図を参考に、下の表の1列目の列の幅を変更しましょう。表全体の列の幅は変更されないように調整します。

基礎 P.114 ⑧ 下の表の2列目と3列目の列の幅を等間隔にそろえましょう。

HINT 列の幅を均等にするには、《レイアウト》タブ→《セルのサイズ》グループの 幅を揃える（幅を揃える）を使います。

基礎 P.126,127 ⑨ 下の表にスタイル「グリッド（表）4-アクセント1」を適用しましょう。
次に、1列目の強調を解除しましょう。

基礎 P.122 ⑩ 下の表の1行目の下側の罫線を、次のように変更しましょう。

種類　　：══════
線の太さ：0.25pt
色　　　：青、アクセント1

※文書に「Lesson9完成」と名前を付けて、フォルダー「学習ファイル」に保存し、閉じておきましょう。

第4章

表の作成

標準解答▶ 

OPEN
Lesson10

あなたは、人事部の人材育成を担当しており、セミナー受講報告書のフォーマットを作成することになりました。
完成図のような文書を作成しましょう。

●完成図

所属長	担当者

セミナー受講報告書

所　　属		氏　　名	
セミナー名			
受講期間		受講場所	

セミナー内容

セミナー受講後の感想

基礎 P.105,106 ① 文頭に2行2列の表を作成し、次のように文字を入力しましょう。

所属長	担当者

基礎 P.114,115 ② 完成図を参考に、①で作成した表のサイズと行の高さを変更しましょう。

基礎 P.118 ③ ①で作成した表の1行目の文字をセル内で**「中央揃え」**に設定しましょう。

基礎 P.121 ④ ①で作成した表全体を行の右端に配置しましょう。

基礎 P.127 ⑤ **「セミナー受講報告書」**の下の表のスタイルを解除して、元の表の状態にしましょう。

HINT 表のスタイルを解除して元の表の状態にするには、表のスタイルを《標準の表》の《表(格子)》に設定します。

基礎 P.118,120 ⑥ **「セミナー受講報告書」**の下の表の項目名を**「中央揃え」**に設定し、セル内で均等に割り付けましょう。

基礎 P.105 ⑦ **「セミナー内容」**の下に6行1列の表を作成しましょう。

基礎 P.114 ⑧ 完成図を参考に、**「セミナー内容」**の表の行の高さを変更して、すべての行を均等な高さに設定しましょう。

基礎 P.122 ⑨ **「セミナー内容」**の表の内側の横罫線を、次のように変更しましょう。

> **種類　　：** ………………
> **線の太さ：0.5pt**
> **色　　　：自動**

基礎 P.76 ⑩ **「セミナー内容」**の表をコピーして、**「セミナー受講後の感想」**の下に貼り付けましょう。

HINT 表全体を選択してから、コピーします。

基礎 P.110 ⑪ **「セミナー受講後の感想」**の表に4行挿入しましょう。

※文書に「Lesson10完成」と名前を付けて、フォルダー「学習ファイル」に保存し、閉じておきましょう。

文書の編集

標準解答▶

OPEN

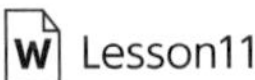

あなたは、企画部に所属しており、創立15周年記念の案内文を作成することになりました。
完成図のような文書を作成しましょう。

●完成図

2023年11月1日

お客様各位

株式会社イマイ鞄

創立15周年記念セールのご案内

拝啓　平素よりイマイ鞄をご利用いただき、心より御礼申し上げます。
さて、おかげさまで、弊社は来る11月18日に創立15周年を迎えることになりました。これもひとえに皆様方のお引き立ての賜物と心より感謝申し上げます。
つきましては、感謝の気持ちを込めて、記念セールを下記のとおり開催いたします。期間中は、10%～30%OFFのお買い得な商品をご用意いたします。
皆様お誘い合わせのうえ、ぜひご来店ください。皆様のお越しをスタッフ一同心よりお待ち申し上げております。

敬具

記

◆ 開催期間　　2023年11月18日（土）～11月19日（日）
◆ 開催時間　　午前10時～午後6時
◆ 開催場所　　御前XXタワー　第一展示会場
◆ 住　　所　　東京都品川区北品川X-XX
◆ 最寄り駅　　品川駅（㊟お車でのご来場はご遠慮ください。）

以上

担当：企画部　松井
TEL：03-3443-XXXX

基礎 P.140,141

① タイトル「創立15周年記念セールのご案内」に、次のように書式を設定しましょう。

文字の効果　：塗りつぶし（グラデーション）：ゴールド、アクセントカラー4；輪郭：ゴールド、アクセントカラー4
文字の効果（影）：オフセット：右下

基礎 P.138

② 「10%～30%OFF」に囲み線と文字の網かけを設定しましょう。

HINT 囲み線や文字の網かけを設定するには、《ホーム》タブ→《フォント》グループを使います。

基礎 P.136

③ 「開催期間」「開催時間」「開催場所」「住所」「最寄り駅」を6文字分の幅に均等に割り付けましょう。

HINT 複数箇所に均等割り付けを設定するときは、複数の範囲を選択してから均等割り付けを実行します。

基礎 P.146

④ 「◆開催期間」「◆開催時間」「◆開催場所」「◆住所」「◆最寄り駅」の後ろにタブを挿入して、既定のタブ位置にそろえましょう。

基礎 P.139

⑤ 「御前」に「みさき」とルビを付けましょう。

基礎 P.137

⑥ 「お車でのご来場はご遠慮ください。」の前に「㊟」を挿入しましょう。スタイルは「文字のサイズを合わせる」を設定します。

基礎 P.144

⑦ 「◆開催期間…」で始まる行から「◆最寄り駅…」で始まる行の行間を「1.5」に変更しましょう。

※文書に「Lesson11完成」と名前を付けて、フォルダー「学習ファイル」に保存し、閉じておきましょう。

標準解答 ▶ 

OPEN
Lesson12

あなたは、不動産会社でマンションの販売を担当しており、販売開始の案内文を作成することになりました。
完成図のような文書を作成しましょう。

●完成図

「ガーデンヒルズ花水木」販売開始のご案内

閑静な住宅街にエグゼクティブな香り漂うおしゃれなデザイン。花水木駅から徒歩5分というスムーズなアクセス。
当社が自信を持っておすすめする新築マンションの販売を開始いたします。パンフレットをご希望の方は、担当までご連絡ください。
現地モデルルームも公開しておりますので、ぜひ一度足をお運びください。

～3月7日より第1期登録受付開始～

ガーデンヒルズ花水木

■所在地■	兵庫県神戸市花水木区一番町2丁目15-X	■敷地面積■	1135.50㎡
■交　通■	JR『花水木』駅からJR『三宮』駅まで20分	■総戸数■	60戸
	JR『花水木』駅からJR『西明石』駅まで10分	■間取り■	1LDK～4LDK
	※JR快速電車利用	■専有床面積■	44.20㎡～110.75㎡
■規　模■	地上13階建て	■販売価格■	2,500万円～6,500万円

お問い合わせ

堤堀不動産株式会社＿＿＿＿＿＿ 担当：吉村
神戸市中央区下山手X-XX
078-392-XXXX（水曜定休）

基礎 P.138

① 「花水木駅から徒歩5分」に「・」の傍点を設定しましょう。

HINT 傍点を設定するには、《ホーム》タブ→《フォント》グループの[ダイアログボックス起動ツール]（フォント）を使います。

基礎 P.88,89

② 「■所在地■」に、次のように書式を設定しましょう。

フォント　：游ゴシック
太字
斜体
フォントの色　：緑、アクセント6、黒＋基本色25%

基礎 P.142,143 ③ ②で設定した書式を、「■交通■」「■規模■」「■敷地面積■」「■総戸数■」「■間取り■」「■専有床面積■」「■販売価格■」にコピーしましょう。

HINT 複数の範囲に連続して書式をコピーするには、（書式のコピー/貼り付け）をダブルクリックします。

基礎 P.136 ④ 「■所在地■」「■交通■」「■規模■」「■敷地面積■」「■総戸数■」「■間取り■」「■販売価格■」を7文字分の幅に均等に割り付けましょう。

基礎 P.146,147 ⑤ ルーラーを表示し、次の文字を約10字の位置にそろえましょう。

兵庫県神戸市花水木区一番町2丁目15－X
JR『花水木』駅からJR『三宮』駅まで20分
JR『花水木』駅からJR『西明石』駅まで10分
※JR快速電車利用
地上13階建て
1135.50㎡
60戸
1LDK～4LDK
44.20㎡～110.75㎡
2,500万円～6,500万円

基礎 P.144 ⑥ 「■所在地■…」で始まる行から「■販売価格■…」で始まる行の行間を「1.15」に変更しましょう。

基礎 P.153 ⑦ 「■所在地■…」で始まる行から「■販売価格■…」で始まる行を2段組みにしましょう。

基礎 P.147 ⑧ 次の文字を約16字の位置にそろえましょう。

担当：吉村
神戸市中央区下山手X-XX
078-392-XXXX（水曜定休）

基礎 P.149 ⑨ 完成図を参考に、「担当：吉村」の左側にリーダーを表示しましょう。

※文書に「Lesson12完成」と名前を付けて、フォルダー「学習ファイル」に保存し、閉じておきましょう。

OPEN

あなたは、市役所に勤務しており、窓口で配布する災害対策に関する資料を作成することになりました。
完成図のような文書を作成しましょう。

●完成図

災害に備えよう

災害が起こったとき、どう対処すればよいのか。
災害に「予告」はありません。
突然の災害に困らないための「備え」の大切さを考えてみましょう。

～いざというときのために～

広域避難場所の確認
日ごろから家庭や職場の近くの「広域避難場所」を確認しておきましょう。広域避難場所には、火の手がおよびにくい場所が指定されています。周囲から火の手が迫ってきた場合は、あわてずに広域避難場所に避難します。

避難所の確認
「避難所」も確認しておきましょう。災害によって家が倒壊した場合や電気・ガス・水道などのライフラインが途絶して自宅で生活できない場合などは、避難所に避難します。ここでは、生活に必要な食糧や生活必需品の支給を受けることができます。

家具や家電の転倒の防止
寝室や部屋の出入り口付近、廊下、階段などに家具や物を置かないよ
れて下敷きになりそうな危険のある家具や家電は、転倒防止器具などで固定

非常用備蓄品の準備
ライフラインの途絶に備えて、家庭内に「水」「食糧」「燃料」など最低
そのほかにも、家族に関する覚え書きや預貯金の控えなども準備しておくと

水の準備
水の重要性はいうまでもありません。大地震などの災害が起こったと
る可能性は十分にあります。意外に困るのが生活用水です。洗濯や炊事、水
せん。生活用水のために、日ごろから風呂のお湯は抜かないで貯めておくと
も意外と役立ちます。飲料水には適していなくても、生活用水として利用す
構あります。周辺の井戸を確認しておきましょう。
また、水を運ぶためのポリタンクやキャリーカートなどを用意しておくと重

[1]

～地震が発生した場合～

身の安全の確保
テーブルや机の下に隠れ、落下物などから身を守りましょう。揺れがおさまったあと、落下物に注意しながら外に出ましょう。

火の始末
火の始末は、火災を防ぐ重要なポイントです。タイミングを間違えるとケガをするおそれもあるので、揺れの大きさを判断して火の始末をしましょう。もし火災が起こったら、大声で近隣に知らせ、協力して消火にあたりましょう。初期消火が、二次災害を防ぐ重要なポイントです。

脱出口の確保
建物のゆがみや倒壊によって、出入り口が開かなくなる場合があります。扉や窓を開けて脱出口を確保しましょう。

家具から離れる
本棚や食器棚などが倒れて大ケガをするばかりか身動きがとれなくなるおそれがあります。揺れを感じたら、すぐに家具から離れましょう。

ガラスの破片に注意
地震が発生したあと、最も多いケガはガラスの破片などによる切り傷です。はだしで歩き回らずにスリッパなどをはくようにしましょう。

応急救護の実施
ケガ人が出た場合は、助けを呼び、協力しあって応急救護を行いましょう。また、普段から近隣との協力体制を作っておくことも大切です。

正しい情報の収集
テレビやラジオ、パソコン、スマートフォンなどで正しい情報を収集しましょう。

～市の防災対策について～

救命講習の実施
救命講習に参加してみませんか？　地震などの災害時に役立つ救命方法を学びます。
毎月第2土曜日・第3金曜日
13時～15時

消防団の応援
安心・安全な地域づくりに貢献する消防団を応援します。今年度から交付金制度がスタートしました。

ハザードマップの交付
町村ごとに土砂災害の危険箇所、広域避難場所などを掲載したハザードマップ（防災地図）を交付しています。

お問い合わせ　青葉市消防局防災危機管理室　0120-555-XXXX

[2]

基礎 P.87,89,140,144

① 「～いざというときのために～」に、次のように書式を設定しましょう。

フォントサイズ　：18ポイント
文字の効果　　　：塗りつぶし：青、アクセントカラー1；影
太字
段落前の間隔　　：1行

HINT 段落前の間隔を変更するには、《レイアウト》タブ→《段落》グループの［前:］（前の間隔）を使います。

基礎 P.142,143

② ①で設定した書式を、「～地震が発生した場合～」と「～市の防災対策について～」にコピーしましょう。

基礎 P.151

③ 次の段落の先頭文字にドロップキャップを設定しましょう。位置は本文内に表示し、ドロップする行数は「2」、本文からの距離は「1mm」にします。

広域避難場所の確認	水の準備	家具から離れる
避難所の確認	身の安全の確保	ガラスの破片に注意
家具や家電の転倒の防止	火の始末	応急救護の実施
非常用備蓄品の準備	脱出口の確保	正しい情報の収集

基礎 P.156

④ 「～地震が発生した場合～」の行が2ページ目の先頭になるように、改ページを挿入しましょう。

基礎 P.154

⑤ 「救命講習の実施」から「…ハザードマップ（防災地図）を交付しています。」までの文章を3段組みにしましょう。
また、段の間に境界線を設定しましょう。

HINT 段の間の境界線を設定するには、《レイアウト》タブ→《ページ設定》グループの［段組み］（段の追加または削除）→《段組みの詳細設定》を使います。

基礎 P.155

⑥ 「消防団の応援」の行が2段目の先頭に、「ハザードマップの交付」の行が3段目の先頭になるように、段区切りを挿入しましょう。

基礎 P.157

⑦ ページの下部に「[1]」と表示される「かっこ1」のページ番号を追加しましょう。
また、挿入したページ番号の下にある空白行を削除しましょう。

※文書に「Lesson13完成」と名前を付けて、フォルダー「学習ファイル」に保存し、閉じておきましょう。

第6章

表現力をアップする機能

標準解答 ▶ 

OPEN

Lesson14

あなたは、カルチャースクールのスタッフで、新規講座の案内チラシを作成することになりました。
完成図のような文書を作成しましょう。

●完成図

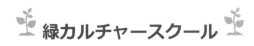

緑カルチャースクール

10月受講生募集中

皆様から多数のご要望をいただいた2講座を追加いたしました。

プリザーブドフラワー

ヨーロッパで注目され、日本でも人気急上昇のプリザーブドフラワー。生花の水分を抜いたあとオーガニックの色素を吸わせることで、生花のようなみずみずしさと柔らかな質感を数年も保つことができる魔法のお花です。お友達へのプレゼント、ご自宅のテーブルアレンジメントなどにも最適です。本講座は、初めての方を対象にプリザーブドフラワー作成の基本技術を習得していただくコースです。

■開 催 期 間：3月7日～3月28日（全4回）
■曜日・時間：毎週火曜日　19時～21時
■受　講　料：15,000円（材料費・税込）

整体ヨガ

インドヨガのポーズ、呼吸法、瞑想に加えて、様々な整体テクニックを取り入れた新しいタイプのヨガです。自然に無理なく日々の疲れを取り除き、骨格･筋肉･神経のゆがみを正していきます。本講座は、専門の講師のもと、初心者でも無理なく安心して続けられるコースです。内側からの美しさと健康を作り上げていきましょう。
■開 催 期 間：3月4日～3月25日（全4回）
■曜日・時間：毎週土曜日　10時30分～12時
■受　講　料：10,000円（税込）

緑カルチャースクール

■神奈川県横浜市緑区中山町X-XX　■045-530-XXXX

基礎 P.165 ① テーマの色を「緑」に変更しましょう。

HINT テーマの色を設定するには、《デザイン》タブ→《ドキュメントの書式設定》グループの（テーマの色）を使います。

基礎 P.186,187 ② 完成図を参考に、「緑カルチャースクール」の左側に葉のアイコンを挿入し、次のように書式を設定しましょう。

グラフィックの塗りつぶし	：塗りつぶし-アクセント3、枠線なし
文字列の折り返し	：前面

HINT アイコンの色を設定するには、《グラフィックス形式》タブ→《グラフィックのスタイル》グループを使います。

※完成図を参考に、アイコンの位置とサイズを調整しておきましょう。

基礎 P.192 ③ ②で挿入したアイコンを、完成図を参考に、「緑カルチャースクール」の右側にコピーしましょう。

HINT アイコンをコピーするには、Ctrl を押しながらアイコンをドラッグします。

基礎 P.166 ④ ワードアートを使って、「緑カルチャースクール」の下に「10月受講生募集中」というタイトルを挿入しましょう。ワードアートのスタイルは「塗りつぶし：濃い青緑、アクセントカラー4；面取り（ソフト）」にします。

基礎 P.168,170 ⑤ ワードアートに、次のように書式を設定しましょう。

フォント	：MSゴシック
文字の効果（影）	：オフセット：右下
文字の効果（変形）	：下ワープ

基礎 P.172,173 ⑥ 完成図を参考に、ワードアートの位置とサイズを変更しましょう。

基礎 P.174 ⑦ 「ヨーロッパで注目され、…」の前にフォルダー「学習ファイル」の画像「花束」を挿入しましょう。

基礎 P.176,178,179 ⑧ 画像の文字列の折り返しを「四角形」に設定し、完成図を参考に、位置とサイズを変更しましょう。

基礎 P.174 ⑨ 「インドヨガのポーズ、…」の前にフォルダー「学習ファイル」の画像「ヨガ」を挿入しましょう。

基礎 P.176,178,179 ⑩ ⑨で挿入した画像の文字列の折り返しを「四角形」に設定し、完成図を参考に、位置とサイズを変更しましょう。

基礎 P.189 ⑪ 次のようにページ罫線を設定しましょう。

絵柄	：
線の太さ	：20pt

※文書に「Lesson14完成」と名前を付けて、フォルダー「学習ファイル」に保存し、閉じておきましょう。

表現力をアップする機能

標準解答 ▶ 

OPEN
Lesson15

あなたは、フレンチレストランのスタッフで、パーティープランのチラシを作成することになりました。
完成図のような文書を作成しましょう。

●完成図

パーティープランのご案内

大人数のパーティーやウェディングの 2 次会、大切な方を招いてのご会食など、いろいろなシーンでご利用いただけるパーティープランをご用意しております。最高のお料理と厳選されたワイン・カクテルとともに、上質なひとときをお過ごしください。

￥5,000 コース	￥7,000 コース	FREE DRINK
・サーモンマリネ ・オードブル 3 種盛り （生ハム・自家製ソーセージ・チーズ） ・シーザーサラダ ・ピッツァ ・パスタ　1 種 ・ローストビーフ ・デザートの盛り合わせ	・サーモンマリネ ・オードブル 3 種盛り （生ハム・自家製ソーセージ・チーズ） ・エスカルゴのオーブン焼き ・シーザーサラダ ・ピッツァ ・パスタ　2 種 ・白身魚の香草パン粉焼き ・ローストビーフ ・デザートの盛り合わせ	・赤、白ワイン ・カクテル ・ウイスキー ・ビール ・ソフトドリンク

Option Orders

花束・ブーケ	四季折々の花束やブーケをご用意いたします。
カラオケ・ビンゴ	パーティーを盛り上げる様々なアトラクションをご用意いたします。
プレゼント	パティシエが焼き上げた美味しいお菓子や当店オリジナルワインなど、ちょっとした手土産に最適なお品をご用意いたします。
案内状・招待状	案内状や招待状の作成・印刷も承ります。

リストランテ　モーロ

兵庫県神戸市中央区波止場町 X-XX
TEL　078-111-XXXX　FAX　078-111-YYYY
https://www.molo-kobe.xx.xx/

Ristorante MOLO

基礎 P.164 ① テーマ「ファセット」を適用しましょう。

基礎 P.165 ② テーマのフォントを「Arial　MSPゴシック　MSPゴシック」に変更しましょう。

基礎 P.166 ③ ワードアートを使って、表の下に「Option␣Orders」という文字を挿入しましょう。ワードアートのスタイルは「塗りつぶし：緑、アクセントカラー1；影」にします。
※␣は半角空白を表します。

基礎 P.170 ④ ワードアートに、次のように書式を設定しましょう。

文字の効果（影）　：オフセット：右下
文字の効果（変形）：下ワープ

基礎 P.172,173 ⑤ 完成図を参考に、ワードアートの位置とサイズを変更しましょう。

基礎 P.183 ⑥ 完成図を参考に、「小波」の図形を作成しましょう。

基礎 P.184,185 ⑦ 図形に、次のように書式を設定しましょう。

図形のスタイル：パステル-ゴールド、アクセント3
図形の枠線　　：曲線

HINT 図形の枠線に曲線を適用するには、図形を選択→《図形の書式》タブ→《図形のスタイル》グループの 図形の枠線 （図形の枠線）→《スケッチ》を使います。

基礎 P.185 ⑧ 図形に「Ristorante␣MOLO」の文字を入力しましょう。
次に、フォントサイズを「14」ポイントに設定しましょう。
※␣は半角空白を表します。

HINT
- 図形に文字を入力するには、図形を選択した状態で入力します。
- 図形内のすべての文字の書式を変更するには、図形全体を選択した状態で行います。

基礎 P.185 ⑨ 完成図を参考に、図形の位置とサイズを変更しましょう。

基礎 P.189 ⑩ 次のようにページ罫線を設定しましょう。

絵柄　　：■ ■ ■ ■ ■
色　　　：ゴールド、アクセント3
線の太さ：9pt

※文書に「Lesson15完成」と名前を付けて、フォルダー「学習ファイル」に保存し、閉じておきましょう。

Lesson 16

第6章

表現力をアップする機能

標準解答▶

OPEN

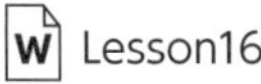

あなたは、ゴルフ場の営業を担当しており、特別プランのチラシを作成することになりました。完成図のような文書を作成しましょう。

●完成図

夏季限定

特別ゴルフプラン

◆期間　7月1日～9月15日　※お盆期間(8月11日～8月15日)を除く

	通常プラン(税込)	早朝スループレープラン(税込)
平日	10,000円	9,000円
土日祝	16,000円	14,500円

昼食付
※通常プラン限定

2サムOK
※割増なし

セルフカート付

◆平日限定のお得なプラン

レディースプラン(税込)	午後ハーフプレープラン(税込)
8,000円	5,000円

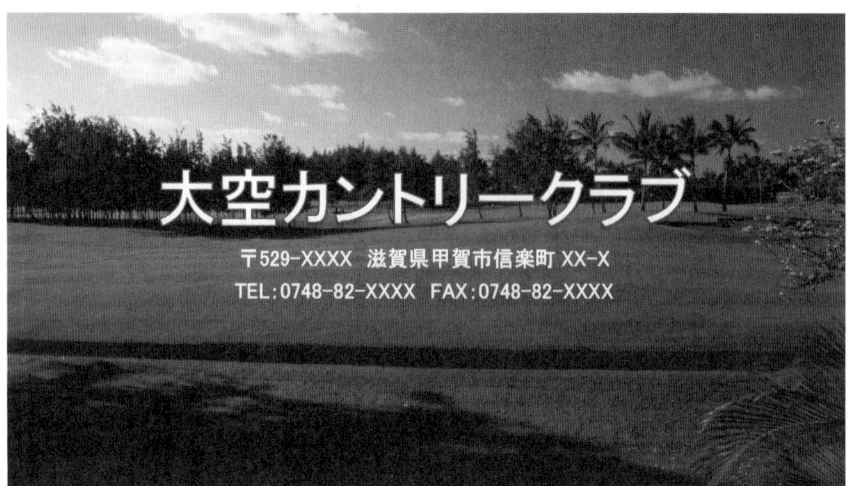

大空カントリークラブ
〒529-XXXX　滋賀県甲賀市信楽町 XX-X
TEL:0748-82-XXXX　FAX:0748-82-XXXX

基礎 P.164 ① テーマ「**インテグラル**」を適用しましょう。

基礎 P.165 ② テーマのフォントを「**Arial Black-Arial　MSゴシック　MSPゴシック**」に変更しましょう。

基礎 P.114,115 ③ 完成図を参考に、「**◆期間　7月1日～9月15日…**」の表と「**◆平日限定のお得なプラン**」の表全体の高さを広くして、それぞれの表の行の高さを均等にそろえましょう。
次に、表内の文字列をセル内で「**中央揃え**」に設定しましょう。

基礎 P.183,192 ④ 完成図を参考に、「**フローチャート：端子**」の図形を3つ作成し、次のように文字を入力しましょう。

昼食付↵ ※通常プラン限定	2サムOK↵ ※割増なし	セルフカート付

※↵で[Enter]を押して改行します。

HINT 図形をコピーするには、[Ctrl]を押しながら図形の枠線をドラッグします。

基礎 P.184 ⑤ ④で作成したすべての図形に、スタイル「**パステル-濃い緑、アクセント5**」を適用しましょう。

HINT 複数の図形を選択するには、[Shift]を押しながら選択します。

基礎 P.87 ⑥ 「**昼食付**」「**2サムOK**」「**セルフカート付**」のフォントサイズを「**12**」ポイントに設定しましょう。

基礎 P.185 ⑦ 完成図を参考に、図形の位置とサイズを変更しましょう。

基礎 P.174,176 ⑧ 「**◆平日限定のお得なプラン**」の表の下に、フォルダー「**学習ファイル**」の画像「**大空CC**」を挿入しましょう。
次に、画像の文字列の折り返しを「**背面**」に設定しましょう。

基礎 P.179 ⑨ 完成図を参考に、画像の位置を変更しましょう。

基礎 P.166 ⑩ ワードアートを使って、「**◆平日限定のお得なプラン**」の表の下に「**大空カントリークラブ**」という文字を挿入しましょう。ワードアートのスタイルは「**塗りつぶし：白；輪郭：濃い緑、アクセントカラー5；影**」にします。

基礎 P.173 ⑪ 完成図を参考に、ワードアートの位置を変更しましょう。

基礎 P.88 ⑫ 「**〒529-XXXX　滋賀県甲賀市信楽町XX-X**」と「**TEL:0748-82-XXXX　FAX:0748-82-XXXX**」のフォントの色を「**白、背景1**」に変更しましょう。

※文書に「Lesson16完成」と名前を付けて、フォルダー「学習ファイル」に保存し、閉じておきましょう。

便利な機能

標準解答 ▶

あなたは、ハウスクリーニングの会社に勤務しており、ご利用特典として配布する資料を作成することになりました。
完成図のような文書を作成しましょう。

●完成図

効果的な掃除の方法

家の中には、いつもきれいにしておきたいと思いながらもなかなか手がつけられず、結局年末に後まわしになってしまう、という場所があります。例えば、ガスレンジ、台所の換気扇、網戸などの窓まわりなどが掃除の苦手な場所といえるでしょう。これは、実は日ごろから掃除ができていないため、汚れがたまる→少々の掃除ではきれいにならない→さらに汚れる･･･という悪循環の結果といえます。
しかし、掃除の達人は、そういった場所も「掃除の基本を知っていれば、汚れも簡単に落とすことができ、やる気もおきて、どんどんきれいになっていく」といっています。
掃除が苦手でも、これを読めばもう大丈夫。さあ、掃除の基本を身に付けましょう。

■ガスレンジ

ガスレンジの焦げ付き汚れは、重曹を使った煮洗いが効果的です。焦げ付きが柔らかくなり、落としやすくなります。

【基本の手順】
① 大きな鍋に水を入れ重曹を加えます。
② 五徳や受け皿、グリルなどを入れ、10分ほど（落ちにくい汚れは1時間ほど）煮て水洗いします。

■台所の換気扇

換気扇の掃除は、つけ置き洗いがコツ。洗剤は市販の専用品ではなく、身近にあ

【基本の手順】
① 酸素系漂白剤（弱アルカリ性）カップ2/3杯と、食器洗い洗剤（中性）スプー
用洗剤を作ります。
② 換気扇の部品を外し、ひどい汚れは割り箸で削り落とします。
③ シンクや大きな入れ物の中にごみ袋を敷き、その中に50度ほどのお湯を入れ
す。その中に部品を1時間ほどつけて置きます。
④ 歯ブラシで汚れを落としたあとに、水洗いします。

Point
アルカリ性の油汚れ用洗剤でつけ置き洗いすると、塗装まではがれることもある
モーターなどの電気系の部品は、つけ置き洗い不可。

■網戸

外して洗うのが理想ですが、無理な場合は、塗装用のコテバケを使うといいでし
ま湯にコテバケをつけて絞り、上下または左右にコテバケを動かして網戸に塗り
たあと、固く絞った雑巾で拭き取ります。汚れのひどいときはこれを繰り返しま

1

■窓ガラス

窓ガラスの汚れは、一般的にはガラスクリーナーを吹きつけて拭き取りますが、「スクイージー」を使うのが一番効果的です。スクイージーとは、ガラスから余分な水分や汚れを取り除くためのゴムベラです。この場合も洗剤は普段使っている住居用洗剤を使います。仕上げに丸めた新聞紙でから拭きすると、印刷インクがワックス代わりをしてくれます。

【基本の手順】
① 1%に薄めた住居用洗剤を霧吹きで窓ガラスに吹きつけ、スポンジでのばします。
② 窓ガラスの左上から右へとスクイージーを浮かせないように引き、枠の手前で止めて、スクイージーのゴム部分の水を拭き取ります。
③ 同じように下段へと進み、下まで引いたら、右側の残した部分を上から下へと引きおろします。

Point
スクイージーを使って、汚れやスジを残さずに窓ガラスを綺麗に仕上げるには、スクイージーの角度が大切。
・スクイージーのゴムが硬い場合は、ゴムを寝かせ気味に動かす
・スクイージーのゴムが柔らかい場合は、ゴムを起こし気味に動かす

■ブラインド

ブラインドのほこり汚れは、軍手を使います。ポリエチレンの手袋をした上に軍手をはめて、指先に住居用洗剤をつけて拭いたあと、軍手を水洗いして水拭きをします。そのあと、乾いた軍手でから拭きします。

■知っておきたい掃除の裏技

項目	裏技
やかんの湯垢	少量の酢を入れた濃い塩水に一晩つけ置き、翌日スチールウールでこすり落とす。
コップ・急須の茶渋	みかんの皮に塩をまぶしてこすりとる。布に水を含ませた重曹をつけて磨く。
金属磨き	布に練り歯磨きをつけて磨く。狭いところは先をつぶした爪楊枝を使う。銀製品は重曹を使う。
まな板	レモンの切れ端でこすり、漂白する。
フキンの黒ずみ	カップ1杯の水にレモン半分とフキンを入れて煮る。
台所排水パイプの詰まり防止	1か月に1回、重曹と塩をカップ1杯ずつ排水パイプに入れ熱湯を注ぎ流す。

洗剤の成分や道具などの知識、基本の手順や要領を身に付けると、家庭にあるものを上手に活用することができます。そして、一度掃除をしてきれいになれば、それが励みとなってもっときれいにしようという気持ちになります。さあ、早速試してみましょう。

2

基礎 P.195 ① ナビゲーションウィンドウを表示して、文書内の「**掃除**」という単語を検索しましょう。

基礎 P.197 ② 文書内の表を検索しましょう。

HINT 表を検索するには、ナビゲーションウィンドウの[検索アイコン]（さらに検索）を使います。

基礎 P.198 ③ 文書内の「**手順**」を「**基本の手順**」にすべて置き換えましょう。

基礎 P.198-200 ④ 文書内の「**Point**」に、次のように書式を設定して、すべて置き換えましょう。

> フォント　　　：Arial Black
> フォントサイズ：12ポイント
> フォントの色　：オレンジ、アクセント2、黒+基本色50%

HINT 書式を設定した文字に置換するには、《検索と置換》ダイアログボックスの《書式》を使います。

基礎 P.198,199 ⑤ 文書内の全角の「**１**」を半角の「**1**」にすべて置き換えましょう。

HINT 全角の文字と半角の文字を区別して置換するには、《検索と置換》ダイアログボックスの《□あいまい検索（日）》→《☑半角と全角を区別する》を使います。

基礎 P.198,199 ⑥ 文書内の半角の「**(**」と「**)**」を全角の「**（**」と「**）**」にすべて置き換えましょう。

基礎 P.204 ⑦ 文書に「**効果的な掃除の方法（閲覧用）**」と名前を付けて、PDFファイルとしてフォルダー「**学習ファイル**」に保存しましょう。
保存後、PDFファイルを表示します。
※PDFファイルを閉じておきましょう。

※文書に「Lesson17完成」と名前を付けて、フォルダー「学習ファイル」に保存し、閉じておきましょう。

便利な機能

標準解答▶

OPEN
Lesson18

あなたは、学習センターのスタッフで、来場者向けに配布する文書を作成することになりました。
完成図のような文書を作成しましょう。

●完成図

プラネタリウム通信

空に散りばめられているようにしか見えなかった星から「絵」が見えてくる。

神や人物そして動物などを想像しながら、天上に散らばる恒星を線でつないだのが、星座の始まりだといわれています。夏の夜、海や山に出かけたついでに、満天の星空を見上げてみましょう。夏の星空には、さそり座、白鳥座、こと座、わし座などが見られます。

今月のテーマ：『夏の夜空に輝くさそり座』

●ギリシャ神話が由来
さそり座の由来となったのはギリシャ神話で勇者オリオンを刺し殺した「蠍」。オリオンも星座になったが、蠍をおそれてさそり座と一緒に空に輝くことはない。さそり座は夏、オリオン座は冬の夜空に輝いている。

●特徴的なＳ字カーブ
さそり座は、南の空低く天の川を抱え込むようにＳ字にカーブしている。
中国ではさそり座を青龍に見立て、Ｓ字にからだをくねらせた天の龍を思い描いていた。

●不気味な赤い星「アンタレス」
さそり座のもう一つの特徴が、赤い星「アンタレス」。
古代の人々は、アンタレスを不気味な闇の力を持つ星だと考えていた。

●日本では「空の釣り針」
日本の瀬戸内海地方の漁師たちは、さそり座を釣り針に見たてて、「魚釣り星」や「鯛釣り星」と呼んでいた。

7月のプラネタリウム

開催曜日：水曜日～日曜日
開催時間：9時～／10時30分～／13時30分～／15時～
定　　員：各回100名
入 館 料：高校生以上300円／中学生以下150円

県立学習センター（電話052-201-XXXX）

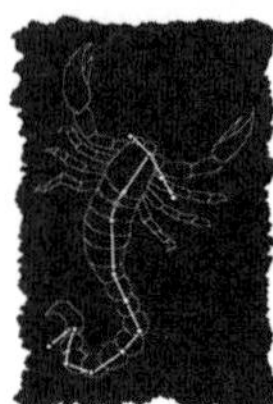

基礎 P.195

① ナビゲーションウィンドウを表示して、文書内の「**星座**」という単語を検索しましょう。

基礎 P.198,199

② 文書内の「**サソリ**」を「**さそり**」にすべて置き換えましょう。

基礎 P.200

③ 文書内のすべての斜体の文字に太字を設定しましょう。

基礎 P.204

④ 文書に「**プラネタリウム通信（配布用）**」と名前を付けて、PDFファイルとしてフォルダー「**学習ファイル**」に保存しましょう。
保存後、PDFファイルを表示します。
※PDFファイルを閉じておきましょう。

※文書に「Lesson18完成」と名前を付けて、フォルダー「学習ファイル」に保存し、閉じておきましょう。

Advanced Microsoft® Word 2021

応用

図形や図表を使った文書の作成

標準解答▶ 

OPEN
Lesson19

あなたは、市役所主催の花火大会の実行委員になり、花火大会のポスターを作成することになりました。
完成図のような文書を作成しましょう。

●完成図

第57回

承久花火大会

承久市に夏の訪れを告げる花火大会。

豪華な尺玉やスターマイン、

音楽花火を中心に夏の夜空を演出。

2000発の花火が華麗に夜空を彩ります。

開 催 日　2023年8月5日(土)

※荒天の場合は8月6日(日)に延期

開催時間　19:00～20:45

開催場所　承久緑地公園河川敷

花火大会に関するお問い合わせ

承久市花火大会実行委員会

TEL　048-XXX-XXXX

応用 P.12,15 ① 次のようにページを設定しましょう。

用紙サイズ：A4
余白　　　：狭い
ページの色：黒、テキスト1

HINT 余白を設定するには、《レイアウト》タブ→《ページ設定》グループの（余白の調整）を使います。

応用 P.16 ② ワードアートを使って、「第57回」というタイトルを挿入しましょう。ワードアートのスタイルは「塗りつぶし：オレンジ、アクセントカラー2；輪郭：オレンジ、アクセントカラー2」にします。

※完成図を参考に、ワードアートの位置を調整しておきましょう。

応用 P.36 ③ 縦書きテキストボックスを作成し、「承久花火大会」と入力しましょう。

応用 P.29 ④ 表示倍率を変更して、ページ全体を表示しましょう。

応用 P.39,40 ⑤ ③で作成したテキストボックスに、次のように書式を設定しましょう。

ワードアートクイックスタイル：塗りつぶし：ゴールド、アクセントカラー4；面取り（ソフト）
図形の塗りつぶし　：なし
図形の枠線　：なし
フォント　：MS明朝
フォントサイズ　：140ポイント
文字間隔　：狭く（10pt）

HINT テキストボックス内の文字にスタイルを設定するには、《図形の書式》タブ→《ワードアートのスタイル》グループの（ワードアートクイックスタイル）を使います。

※完成図を参考に、テキストボックスの位置とサイズを調整しておきましょう。

応用 P.19 ⑥ 「承久市花火大会実行委員会」から「TEL　048-XXX-XXXX」までの行間を、「固定値　24pt」に設定しましょう。

応用 P.21,42 ⑦ 「第57回」の背面に「真円」の図形を作成し、文字列の折り返しを「背面」に設定しましょう。

応用 P.35,44 ⑧ 図形に、フォルダー「学習ファイル」の画像「花火1」を挿入しましょう。
次に、図形に「ぼかし　25ポイント」の効果を設定しましょう。

HINT 図形に画像を挿入するには、図形を右クリック→《図形の書式設定》を使います。

※完成図を参考に、図形の位置とサイズを調整しておきましょう。

応用 P.35,43 ⑨ ⑦で作成した図形を左下にコピーし、フォルダー「学習ファイル」の画像「花火2」を挿入しましょう。

※完成図を参考に、図形の位置とサイズを調整しておきましょう。

応用 P.50 ⑩ ページの背景も印刷されるように設定し、文書を1部印刷しましょう。

※文書に「Lesson19完成」と名前を付けて、フォルダー「学習ファイル」に保存し、閉じておきましょう。

図形や図表を使った文書の作成

標準解答▶ 

OPEN
Lesson20

あなたは、ブライダルサロンに勤務しており、ブライダルフェアのチラシを作成することになりました。
完成図のような文書を作成しましょう。

●完成図

2023.8.5

Bridal Fair

相模湾を眺めながら、青い空と海に囲まれたウェディング

訪れたすべてのゲストが幸せな気持ちになれる、感動的な挙式がかなう場所

■日時

8月5日(土)

第1部　9:30～12:00

第2部　14:00～16:30

■内容

◆ 模擬挙式体験

◆ ウェディングドレスの試着

◆ ミニコース仕立ての試食会

■ブライダルフェアご成約特典

ご成約の方に、お得な特典をご用意。この機会をお見逃しなく！

特典1
ブライダルエステご利用券(5回分)

特典2
ロイヤルスイートご宿泊(挙式当日)

特典3
結婚1周年記念ディナーご招待

Hotel Garden 葉山

〒240-0114　神奈川県三浦郡葉山町木古庭 X-X-X
電話　0120-XXX-XXX(10時～20時)
URL　https://www.garden-hayama.xx.xx/

応用 P.12,13 ① 次のようにページを設定しましょう。

テーマ　　　　：インテグラル
テーマのフォント：Century Schoolbook　MSP明朝　MSP明朝
用紙サイズ　　：A4
余白　　　　　：狭い
1ページの行数　：45

応用 P.15 ② ページの色に、次のように塗りつぶし効果を設定しましょう。

パターン：点線：5%
前景　　：青、アクセント2
背景　　：白、背景1

HINT ページの背景に塗りつぶし効果を設定するには、《デザイン》タブ→《ページの背景》グループの（ページの色）→《塗りつぶし効果》を使います。

応用 P.42 ③ 完成図を参考に、「ブローチ」の図形を作成しましょう。

応用 P.35,44 ④ 図形に、フォルダー「学習ファイル」の画像「海」を挿入し、次のように書式を設定しましょう。

図形の枠線　　　　　：アイスブルー、背景2
枠線の太さ　　　　　：6pt
図形の効果（面取り）：ソフトラウンド

※完成図を参考に、図形の位置とサイズを調整しておきましょう。

応用 P.16 ⑤ ワードアートを使って、「2023.8.5」という文字を挿入しましょう。ワードアートのスタイルは「塗りつぶし：アイスブルー、背景色2；影（内側）」にします。

応用 P.17 ⑥ ワードアートに斜体を設定しましょう。
※完成図を参考に、ワードアートの位置とサイズを調整しておきましょう。

応用 P.16 ⑦ ワードアートを使って「Bridal␣Fair」というタイトルを挿入しましょう。ワードアートのスタイルは「塗りつぶし：白；輪郭：水色、アクセントカラー1；光彩：水色、アクセントカラー1」にします。
※␣は半角空白を表します。

応用 P.17 ⑧ ⑦で挿入したワードアートに、次のように書式を設定しましょう。

> **文字の効果(影):オフセット:下**
> **フォントサイズ :85ポイント**
> **斜体**

※完成図を参考に、ワードアートの位置とサイズを調整しておきましょう。

基礎 P.153 ⑨ 「■日時」から「◆ミニコース仕立ての試食会」までの文章を2段組みにしましょう。

応用 P.23 ⑩ 文末にSmartArtグラフィック「自動配置の半透明テキスト付き画像」を挿入し、テキストウィンドウを使って次のように入力しましょう。

> **特典1 Shift + Enter**
> **ブライダルエステご利用券(5回分)**
> **特典2 Shift + Enter**
> **ロイヤルスイートご宿泊(挙式当日)**
> **特典3 Shift + Enter**
> **結婚1周年記念ディナーご招待**

HINT
- 「自動配置の半透明テキスト付き画像」は、《図》に分類されています。
- SmartArtグラフィックの項目内で強制的に改行するには、Shift + Enter を使います。

応用 P.32,33 ⑪ SmartArtグラフィックに、次のように書式を設定しましょう。

> **SmartArtのスタイル:グラデーション**
> **色 :枠線のみ-濃色1**
> **フォントサイズ :10.5ポイント**
> **太字**

HINT SmartArtグラフィックのスタイルや色を変更するには、SmartArtグラフィックを選択→《SmartArtのデザイン》タブ→《SmartArtのスタイル》グループを使います。

応用 P.33 ⑫ SmartArtグラフィックの「特典1」「特典2」「特典3」のフォントサイズを「12」ポイントに設定しましょう。

※完成図を参考に、SmartArtグラフィックの位置とサイズを調整しておきましょう。

応用 P.34 ⑬ 完成図を参考に、SmartArtグラフィックの図形に、フォルダー「学習ファイル」の画像を、次のように挿入しましょう。

> **左側:エステ**
> **中央:ブーケ**
> **右側:ディナー**

応用 P.36

⑭ 完成図を参考に、横書きテキストボックスを作成し、次のように入力しましょう。

Hotel␣Garden葉山↵
〒240-0114□神奈川県三浦郡葉山町木古庭X-X-X↵
電話□0120-XXX-XXX（10時～20時）↵
URL□https://www.garden-hayama.xx.xx/

※␣は半角空白を表します。
※□は全角空白を表します。
※↵で Enter を押して改行します。
※「〒」は「ゆうびん」と入力して変換します。

応用 P.40

⑮ テキストボックスに、次のように書式を設定しましょう。

図形のスタイル ：グラデーション-水色、アクセント1
文字の効果（影）：オフセット：下
フォントサイズ ：11ポイント
中央揃え

基礎 P.87

⑯ テキストボックス内の「Hotel Garden葉山」のフォントサイズを「22」ポイントに設定しましょう。
※完成図を参考に、テキストボックスの位置とサイズを調整しておきましょう。

※文書に「Lesson20完成」と名前を付けて、フォルダー「学習ファイル」に保存し、閉じておきましょう。

基礎
第1章
第2章
第3章
第4章
第5章
第6章
第7章
応用
第1章
第2章
第3章
第4章
第5章
第6章
第7章
第8章
まとめ

第1章

図形や図表を使った文書の作成

標準解答 ▶ 

OPEN

Lesson21

あなたは、お客様総合センターに所属しており、社内向けのポスターを作成することになりました。
完成図のような文書を作成しましょう。

●完成図

お客様を迷子にしていませんか？

不確実な番号案内は「たらいまわし」の原因になります

会社の顔はあなたです

お客様の用件を親身になって伺う ➡ 自部門で回答するのが難しい場合は ➡ 担当から連絡させていただく旨を伝える ➡ 回答できる部門を調べて対応を依頼する

回答部門がわからないときは
「お客様総合センター（内線：71235-XXXX）」へ

応用 P.12,13,15　① 次のようにページを設定しましょう。

用紙サイズ：A4 余白　　　：狭い テーマ　　：スライス ページの色：濃い緑、アクセント4、白+基本色80%

応用 P.16　② ワードアートを使って、「お客様を迷子にしていませんか？」という文字を挿入しましょう。ワードアートのスタイルは「塗りつぶし：濃い青、アクセントカラー1；影」にします。

応用 P.17　③ ワードアートに、次のように書式を設定しましょう。

文字の塗りつぶし：オレンジ、アクセント5 フォント　　　　：MSPゴシック

※完成図を参考に、ワードアートの位置を調整しておきましょう。

応用 P.42,44　④ 完成図を参考に、「楕円」の図形を作成し、次のように書式を設定しましょう。

文字列の折り返し：上下 枠線の太さ　　　：6pt

※完成図を参考に、図形の位置とサイズを調整しておきましょう。

応用 P.35　⑤ 図形にフォルダー「学習ファイル」の画像「電話」を挿入しましょう。

応用 P.16　⑥ ワードアートを使って、「会社の顔はあなたです」というタイトルを挿入しましょう。ワードアートのスタイルは「塗りつぶし：濃い緑、アクセントカラー3；面取り（シャープ）」にします。

応用 P.17　⑦ ⑥で挿入したワードアートに、次のように書式を設定しましょう。

文字の効果（変形）：凹レンズ：上 フォント　　　　　：MSPゴシック

※完成図を参考に、ワードアートの位置とサイズを調整しておきましょう。

応用 P.23　⑧ 文末に、SmartArtグラフィック「基本ステップ」を挿入し、テキストウィンドウを使って次のように入力しましょう。

お客様の用件を親身になって伺う 自部門で回答するのが難しい場合は 担当から連絡させていただく旨を伝える

HINT 「基本ステップ」は、《手順》に分類されています。

⑨ SmartArtグラフィックに図形を追加し、テキストウィンドウを使って次のように入力しましょう。

回答できる部門を調べて対応を依頼する

応用 P.32,33

⑩ SmartArtグラフィックに、次のように書式を設定しましょう。

SmartArtのスタイル	：光沢
色	：カラフル-アクセント4から5
フォント	：MSPゴシック
フォントサイズ	：14ポイント
フォントの色	：黒、テキスト1

※完成図を参考に、SmartArtグラフィックのサイズを調整しておきましょう。

応用 P.31

⑪ 完成図を参考に、SmartArtグラフィック内の角丸四角形のサイズを拡大しましょう。

HINT SmartArtグラフィック内の図形のサイズを調整するには、《書式》タブ→《図形》グループを使います。完成図と同じにするには［拡大］（拡大）を5回クリックします。

応用 P.36

⑫ 横書きテキストボックスを作成し、次のように入力しましょう。

回答部門がわからないときは↵ 「お客様総合センター（内線：71235-XXXX）」へ

※↵で［Enter］を押して改行します。

応用 P.40

⑬ テキストボックスに、次のように書式を設定しましょう。

図形のスタイル	：グラデーション-濃い緑、アクセント3
フォント	：MSPゴシック
フォントサイズ	：26ポイント
中央揃え	

※完成図を参考に、テキストボックスの位置とサイズを調整しておきましょう。

※文書に「Lesson21完成」と名前を付けて、フォルダー「学習ファイル」に保存し、閉じておきましょう。

写真を使った文書の作成

標準解答 ▶ 

OPEN

Lesson22

あなたは、手芸用品販売店に勤務しており、初心者向けの手作りキャンドルキットのチラシを作成することになりました。
完成図のような文書を作成しましょう。

●完成図

Handmade Shop & School FOM Botanical

AROMA CANDLE KIT BS シリーズ

アロマとお花の

手作りキャンドル

初めてアロマキャンドルを作る方向けのキットです。
道具はすべてそろっているので、付属の作り方を見ながらすぐに本格的なキャンドルを作って楽しむことができます。色や香り、お花のアレンジ次第で自分好みのアロマキャンドルを作ることができますよ！
1つのキットで2個作れるので、親子やお友だちと楽しみたい方にもおすすめです。

商品番号：BS-23-R
キット内容：ソイワックスソフト 200g、ガラスキャンドル型（径5㎝・高さ5㎝）2コ、芯糸（座金付き）2本、顔料（赤・青・黄）1セット、ドライフラワー（ピンクベース）1セット、アロマオイル（ローズ／サクラ）各5ml、作り方1冊

価格（税込）：*¥3,960 -*

商品番号：BS-23-Y
キット内容：ソイワックスソフト 200g、ガラスキャンドル型（径5㎝・高さ5㎝）2コ、芯糸（座金付き）2本、顔料（赤・青・黄）1セット、ドライフラワー（イエローベース）1セット、アロマオイル（レモングラス／カモミール）各5ml、作り方1冊

価格（税込）：*¥3,960 -*

商品番号：BS-23-P
キット内容：ソイワックスソフト 200g、ガラスキャンドル型（径5㎝・高さ5㎝）2コ、芯糸（座金付き）2本、顔料（赤・青・黄）1セット、ドライフラワー（パープルベース）1セット、アロマオイル（ラベンダー／イランイラン）各5ml、作り方1冊

価格（税込）：*¥3,960 -*

応用 P.15,58 ① 次のようにページを設定しましょう。

余白	：上・下・右 10mm 左 28mm
日本語用のフォント	：游ゴシック
フォントの色	：濃い青
ページの色	：ラベンダー、アクセント4、白+基本色80%

基礎 P.76 ② フォルダー「学習ファイル」の文書「タイトル」のテキストボックスをコピーしましょう。
次に、「○○シリーズ」を「BSシリーズ」に変更しましょう。

応用 P.75 ③ 完成図を参考に、テキストボックスを回転して向きを変更しましょう。

HINT テキストボックスの向きを変更するには、《図形の書式》タブ→《配置》グループの（オブジェクトの回転）を使います。

※完成図を参考に、テキストボックスの位置とサイズを調整しましょう。

応用 P.21 ④ テキストボックスのページ上の位置を固定しましょう。

応用 P.61,63 ⑤ 文末に、フォルダー「学習ファイル」のテキストファイル「キャンドル作成キット紹介文」を挿入し、書式をクリアしましょう。

応用 P.36,61 ⑥ 完成図を参考に、横書きテキストボックスを作成し、作成したテキストボックスの中にフォルダー「学習ファイル」の文書「キャンドル作成キット内容」を挿入しましょう。
次に、テキストボックス内の最終行の空白行を削除しましょう。

応用 P.40,44 ⑦ ⑥で作成した横書きテキストボックスに、次のように書式を設定しましょう。

図形の枠線の色	：ラベンダー、アクセント4、黒+基本色25%
図形の効果（光彩）	：光彩：5pt；ラベンダー、アクセントカラー4

※完成図を参考に、横書きテキストボックスの位置とサイズを調整しておきましょう。

応用 P.65,79 ⑧ フォルダー「学習ファイル」の画像「キャンドル」を挿入し、文字列の折り返しを「前面」に設定しましょう。
※完成図を参考に、画像の位置とサイズを調整しておきましょう。

応用 P.77 ⑨ 画像「キャンドル」の背景を削除しましょう。

応用 P.75 ⑩ 画像「キャンドル」を左右反転して表示しましょう。

応用 P.43,46

⑪ 完成図を参考に、画像「キャンドル」を水平方向の左側に2つコピーしましょう。
次に、画像の左右の間隔を均等に配置しましょう。

応用 P.71

⑫ 3つの画像「キャンドル」に、次のように色を設定しましょう。

左側の画像の色：オレンジ、アクセント2（淡）
中央の画像の色：ゴールド、アクセント3（淡）
右側の画像の色：ラベンダー、アクセント4（淡）

応用 P.47

⑬ 3つの画像「キャンドル」をグループ化しましょう。

※文書に「Lesson22完成」と名前を付けて、フォルダー「学習ファイル」に保存し、閉じておきましょう。
※文書「タイトル」を保存せずに閉じておきましょう。

写真を使った文書の作成

標準解答▶ 

Lesson23

あなたは、勤務先の生花店で開催される講座の募集チラシを作成することになりました。
完成図のような文書を作成しましょう。

●完成図

12 月に入り、街はクリスマス一色。
クリスマスといえば、クリスマスツリーに色とりどりの電飾、クリスマスケーキなどが挙げられますが、クリスマスリースも欠かせない飾りつけです。
市販されているクリスマスリースは、造花やドライフラワーのものが一般的ですが、生花で贅沢に作ってみましょう。生花ならではのやわらかな色合いや素材感で、とても雰囲気のあるリースに仕上がります。
世界にひとつだけの手作りリースで、クリスマスパーティーを華やかに演出してみませんか？

■開催日
2023 年 12 月 9 日（土）
■申込締切日
2023 年 12 月 1 日（金）
■開催時間
10:00～12:30
■参加料（税込）
￥3,600（材料費含む）
■持ち物
・生花はさみ
・作品を持ち帰る袋　など
■開催場所
FOM フラワーサロン AOYAMA
■講師
深田　麻由美　先生
FOM フラワーサロン AOYAMA のプロコースを卒業後、フランス・パリのフルール・ド・フェアリーへ留学。フラワー装飾技能検定 1 級を取得し、現在、スクール講師歴 8 年目。ウェディングフラワー装飾なども手掛けており、最新のパリスタイルのアレンジを得意とする。

中央通り
青山駅
FOM Flower Salon AOYAMA
青山街道
消防署
MAP

FOM Flower Salon AOYAMA

TEL : 03-12XX-XXXX　FAX : 03-12XX-XXXX

応用 P.58

① 次のようにページを設定しましょう。

余白	：上 15mm ／ 左・右 20mm
日本語用のフォント	：MSゴシック
英数字用のフォント	：(日本語用と同じフォント)
フォントサイズ	：11ポイント
1ページの行数	：43

応用 P.61,63

② 文末に、フォルダー「学習ファイル」のテキストファイル「講座内容」を挿入し、書式をクリアしましょう。

基礎 P.87,89

③ 「■開催日」「■申込締切日」「■開催時間」「■参加料(税込)」「■持ち物」「■開催場所」「■講師」に、次のように書式を設定しましょう。

フォントサイズ：12ポイント
太字

基礎 P.144

④ 図形内の「FOM Flower Salon AOYAMA」から「…FAX：03-12XX-XXXX」までの行間を「2」に設定しましょう。

応用 P.65

⑤ フォルダー「学習ファイル」の画像「アレンジメント」を挿入しましょう。

応用 P.66,70,72,79

⑥ 完成図を参考に、画像「アレンジメント」をトリミングし、次のように設定しましょう。

修整	：明るさ：+20% コントラスト：0%(標準)
アート効果	：十字模様：エッチング
文字列の折り返し	：背面
位置	：ページ上の位置を固定

※完成図を参考に、画像の位置とサイズを調整しておきましょう。

応用 P.65,79

⑦ フォルダー「学習ファイル」の画像「リース」を挿入し、文字列の折り返しを「前面」に設定しましょう。

応用 P.77

⑧ 画像「リース」の背景を削除しましょう。
※完成図を参考に、画像の位置とサイズを調整しておきましょう。

応用 P.65,79

⑨ フォルダー「学習ファイル」の画像「フラワーサロン地図」を挿入し、文字列の折り返しを「前面」に設定しましょう。
※完成図を参考に、図の位置とサイズを調整しておきましょう。

※文書に「Lesson23完成」と名前を付けて、フォルダー「学習ファイル」に保存し、閉じておきましょう。

第3章

差し込み印刷

標準解答▶ 

OPEN

Lesson24

あなたは、百貨店に勤務しており、招待者リストにあるお客様に向けて、映画鑑賞会への招待はがきを作成することになりました。
完成図のような文書を作成しましょう。

●完成図

桜ヶ丘百貨店　お得意様特別企画

映画鑑賞会のご案内

会員番号 2023001

池田　小百合　様

拝啓　時下ますますご清祥の段、お慶び申し上げます。平素はひとかたならぬ御愛顧を賜り、厚く御礼申し上げます。

さて、日ごろのご愛顧に感謝し、映画鑑賞会にご招待申し上げます。今回ご鑑賞いただく映画は、「幸福な人生」でございます。5月より全国公開予定で大変話題となっている映画です。ぜひともこの機会にお見逃しなく、ご鑑賞賜りたく、ご案内申し上げます。

なお、当日は本状をご持参のうえ、ご来場賜りますようお願い申し上げます。

敬具

映画タイトル	幸福な人生
上　映　日	2020年5月27日（土）
上 映 時 間	14:00～16:30
会　　　場	桜ヶ丘百貨店　9F　大ホール

※本状で、2名様までご鑑賞いただけます。

桜ヶ丘百貨店お客様窓口　TEL：03-5402-XXXX

▶ブック「招待者リスト」

	A	B	C	D	E	F	G	H
1	会員番号	お名前	郵便番号	住所1	住所2	電話番号	上映日	上映時間
2	2023003	井上　真由美	231-0023	神奈川県	横浜市中区山下町6-4-X	045-312-XXXX	2023年5月20日（土）	14:00～16:30
3	2023004	田村　隆	236-0034	神奈川県	横浜市金沢区朝比奈町1-2-X	045-931-XXXX	2023年5月20日（土）	14:00～16:30
4	2023008	金沢　あゆみ	160-0023	東京都	新宿区西新宿10-5-XX	03-5433-XXXX	2023年5月20日（土）	14:00～16:30
5	2023010	中本　大輔	274-0077	千葉県	船橋市薬円台6-1-X	047-987-XXXX	2023年5月20日（土）	14:00～16:30
6	2023002	渡辺　直子	290-0051	千葉県	市原市君塚3-9-X	0436-22-XXXX	2023年5月20日（土）	17:00～19:30
7	2023007	江田　京介	220-0012	神奈川県	横浜市西区みなとみらい2-3-X	045-547-XXXX	2023年5月20日（土）	17:00～19:30
8	2023012	椿　芙由子	166-0001	東京都	杉並区阿佐ヶ谷北2-6-X	03-3312-XXXX	2023年5月20日（土）	17:00～19:30
9	2023001	池田　小百合	135-0091	東京都	港区台場1-5-X	03-5411-XXXX	2020年5月27日（土）	14:00～16:30
10	2023006	林　基子	157-0066	東京都	世田谷区成城8-6-XX	03-3418-XXXX	2020年5月27日（土）	14:00～16:30
11	2023009	内田　孝夫	241-0801	神奈川県	横浜市旭区若葉台5-1-X	045-423-XXXX	2020年5月27日（土）	14:00～16:30
12	2023005	長沼　文子	150-0031	東京都	渋谷区桜丘町7-X	03-4321-XXXX	2020年5月27日（土）	17:00～19:30
13	2023011	野田　千里	332-0017	埼玉県	埼玉県川口市栄町3-3-XX	048-250-XXXX	2020年5月27日（土）	17:00～19:30
14								

応用 P.87
① 文書「Lesson24」を差し込み印刷のひな形の文書として設定しましょう。

応用 P.88
② フォルダー「**学習ファイル**」のExcelのブック「**招待者リスト**」のシート「**顧客**」を宛先リストとして設定しましょう。ブック「**招待者リスト**」の1行目は、タイトル行として設定します。

応用 P.90
③ ひな形の文書に、次のように差し込みフィールドを挿入しましょう。

「会員番号」の後ろ　：会員番号
「　様」の前　　　　：お名前
表の2行2列目のセル：上映日
表の3行2列目のセル：上映時間

応用 P.90
④ 差し込みフィールドに宛先リストのデータを差し込んで表示し、すべてのデータを確認しましょう。

応用 P.89
⑤ 宛先リストを編集し、差し込みデータが「**会員番号**」の昇順で表示されるように並べ替えましょう。

HINT 宛先リストを編集するには、《差し込み文書》タブ→《差し込み印刷の開始》グループの（アドレス帳の編集）を使います。

応用 P.89
⑥ 宛先リストを編集し、「**会員番号**」が「**2023011**」のデータを宛先から外しましょう。

応用 P.91
⑦ 宛先リストのデータを差し込んですべての文書を印刷しましょう。

※文書に「Lesson24完成」と名前を付けて、フォルダー「学習ファイル」に保存し、閉じておきましょう。

第3章

差し込み印刷

標準解答 ▶ 

OPEN

新しい文書

あなたは、DMリストにある宛先の宛名ラベルを作成することになりました。
完成図のような文書を作成しましょう。

●完成図

〒105-0022 東京都港区海岸 1-5-X 小柳　美優　様 No. 20230001	〒220-0011 神奈川県横浜市西区高島 2-16-X 住吉　瑞穂　様 No. 20230003
〒160-0004 東京都新宿区四谷 3-4-X 斉藤　涼花　様 No. 20230004	〒101-0021 東京都千代田区外神田 8-9-X 桜井　謙　様 No. 20230005
〒231-0868 神奈川県横浜市中区石川町 6-4-X 大木　さおり　様 No. 20230007	〒249-0006 神奈川県逗子市逗子 5-4-X 桜田　美弥　様 No. 20230011
〒107-0062 東京都港区南青山 2-4-X 北村　博久　様 No. 20230012	〒113-0031 東京都文京区根津 2-5-X 黒田　秀実　様 No. 20230015
〒220-0012 神奈川県横浜市西区みなとみらい 2-1-X 高木　諒子　様 No. 20230017	〒231-0062 神奈川県横浜市中区桜木町 1-4-X 菊池　友美　様 No. 20230019
〒249-0007 神奈川県逗子市新宿 3-4-X 野村　博　様 No. 20230023	

▶ブック「DMリスト」

	A	B	C	D	E	F	G	H	I	J
1	会員番号	名前	郵便番号	住所1	住所2	電話番号	会員種別	生年月日	誕生月	DM送付同意
2	20230001	小柳　美優	105-0022	東京都	港区海岸1-5-X	03-5401-XXXX	ゴールド	1984/5/26	5	Yes
3	20230002	大原　由香	222-0022	神奈川県	横浜市港北区篠原東1-8-X	045-331-XXXX	一般	1994/1/4	1	Yes
4	20230003	住吉　瑞穂	220-0011	神奈川県	横浜市西区高島2-16-X	045-535-XXXX	ゴールド	1971/12/18	12	Yes
5	20230004	斉藤　涼花	160-0004	東京都	新宿区四谷3-4-X	03-3355-XXXX	ゴールド	1984/7/18	7	Yes
6	20230005	桜井　謙	101-0021	東京都	千代田区外神田8-9-X	03-3425-XXXX	ゴールド	1984/4/2	4	Yes
7	20230006	富田　雄太郎	241-0835	神奈川県	横浜市旭区柏町1-4-X	045-821-XXXX	一般	1991/11/11	11	Yes
8	20230007	大木　さおり	231-0868	神奈川県	横浜市中区石川町6-4-X	045-213-XXXX	ゴールド	1997/4/29	5	Yes
9	20230008	影山　真人	231-0028	神奈川県	横浜市中区扇町1-2-X	045-355-XXXX	一般	1989/7/21	7	Yes
10	20230009	保井　忍	150-0012	東京都	渋谷区広尾5-14-X	03-5563-XXXX	一般	1992/10/18	10	Yes
11	20230010	吉岡　万里子	251-0015	神奈川県	藤沢市川名1-5-X	0466-33-XXXX	一般	1981/12/12	12	Yes
12	20230011	桜田　美弥	249-0006	神奈川県	逗子市逗子5-4-X	046-866-XXXX	ゴールド	1992/10/9	10	Yes
13	20230012	北村　博久	107-0062	東京都	港区南青山2-4-X	03-5487-XXXX	ゴールド	1998/4/26	4	Yes
14	20230013	田島　茜	106-0045	東京都	港区麻布十番3-3-X	03-5644-XXXX	一般	2000/2/26	2	Yes
15	20230014	佐々木　真司	223-0061	神奈川県	横浜市港北区日吉1-8-X	045-232-XXXX	一般	1990/8/22	8	Yes
16	20230015	黒田　秀実	113-0031	東京都	文京区根津2-5-X	03-3443-XXXX	ゴールド	1971/11/25	11	Yes
17	20230016	田中　浩二	100-0004	東京都	千代田区大手町3-1-X	03-3351-XXXX	一般	1979/8/16	8	Yes
18	20230017	高木　諒子	220-0012	神奈川県	横浜市西区みなとみらい2-1-X	045-544-XXXX	ゴールド	1993/9/17	9	Yes
19	20230018	福田　正晴	160-0023	東京都	新宿区西新宿2-5-X	03-5635-XXXX	一般	1988/7/20	7	Yes
20	20230019	菊池　友美	231-0062	神奈川県	横浜市中区桜木町1-4-X	045-254-XXXX	ゴールド	1993/11/18	11	Yes
21	20230020	前原　美知子	230-0051	神奈川県	横浜市鶴見区鶴見中央5-1-X	045-443-XXXX	一般	1979/6/24	6	Yes
22	20230021	吉田　繁成	236-0042	神奈川県	横浜市金沢区釜利谷東2-2-X	045-983-XXXX	一般	1994/9/21	9	Yes
23	20230022	赤沢　桃子	150-0013	東京都	渋谷区恵比寿4-6-X	03-3554-XXXX	一般	1990/3/18	3	Yes
24	20230023	野村　博	249-0007	神奈川県	逗子市新宿3-4-X	046-861-XXXX	ゴールド	2001/1/30	2	Yes
25	20230024	尾崎　直海	100-0005	東京都	千代田区丸の内6-2-X	03-3311-XXXX	一般	1992/8/10	8	Yes
26										

応用 P.94

①　新規文書をひな形の文書として設定し、次の宛名ラベルを作成しましょう。

> **プリンター　　　：ページプリンター**
> **ラベルの製造元：Hisago**
> **製品番号　　　：Hisago FSCGB861**

応用 P.95

②　フォルダー「学習ファイル」のExcelのブック「DMリスト」のシート「会員名簿」を宛先リストとして設定しましょう。ブック「DMリスト」の1行目は、タイトル行として設定します。

応用 P.96

③　会員種別が「ゴールド」の人だけを宛先として指定しましょう。

応用 P.97

④　ひな形の文書に、次のように差し込みフィールドを挿入しましょう。

> **〒《郵便番号》↵**
> **《住所1》《住所2》↵**
> ↵
> **□□□《名前》□様↵**
> ↵
> **No.␣《会員番号》**

※↵で[Enter]を押して改行します。
※□は全角空白を表します。
※␣は半角空白を表します。

応用 P.99 ⑤ ひな形の文書に、次のように書式を設定しましょう。

•「《名前》　様」

フォントサイズ：14ポイント

•「No.《会員番号》」

右揃え

次に、すべてのラベルに反映させましょう。

応用 P.100 ⑥ ひな形の文書に宛先リストのデータを差し込んで表示しましょう。
次に、ラベルに入力されている12件目の余分なデータを削除しましょう。

応用 P.101 ⑦ 宛名ラベルを印刷しましょう。

※文書に「Lesson25完成」と名前を付けて、フォルダー「学習ファイル」に保存し、閉じておきましょう。

長文の作成

標準解答 ▶

Lesson26

あなたは、企業の健康保険組合に所属しており、社員向けに医療費制度について解説する冊子を作成することになりました。
完成図のような文書を作成しましょう。

●完成図

医療費制度

～医療費について考える～

FOM健康保険組合

STEP1. 領収書を知る

1. どんな領収書をもらっている？

私たちが買い物をしたとき、多くの場合、領収書やレシートをもらっていますが、これはお金を支払ったことに対する証明になるものです。レシートには、ひとつひとつの品名が記載されていて、あとから何がいくらだったかを知ることができます。病院などにかかったときも、受けた治療に対して代金を支払っているわけですから、領収書やレシートをもらうのは当然といえるでしょう。

2. 医療費の内訳を知るには

ご存知のとおり、私たちは病院などで治療を受けたとき、健康保険組合に加入しているため、窓口では医療費の3割分を支払っています。

病院の窓口では、実際にかかった医療費の総額がわかる領収書をもらいます。領収書には診察料や投薬料などが記載されているため大体の見当はつきますが、どんな治療内容で何にいくらかかったかということまではわかりません。これらの治療内容の詳細を知りたい場合、病院から健康保険組合に出される「レセプト（診療報酬明細書）」を確認する必要があります。

地域や病院によっても異なりますが、レセプトは開示を求めることができます。自分の受けた医療サービスや支払った医療費の内容を理解し、チェックすることは重要です。もし、疑問があったらレセプトを請求して、内容を確認してみましょう。

3. 領収書からわかるもの

医療の分野でも情報開示の流れが進んでいる現在、しっかりとした領収書を出す、出さないということが、その病院の姿勢を表しているといっても過言ではないでしょう。また、病院に対する評価の一部分を担うともいえるのではないでしょうか。

「適正な医療に適正な医療費」が強く求められる中、私たちも医療に対するコスト意識をもたなければなりません。病院の領収書やレセプトが大きな役割を果たすとともに、医療や病院について知る貴重な情報源であるともいえるでしょう。

基礎 第1章 第2章 第3章 第4章 第5章 第6章 第7章 応用 第1章 第2章 第3章 第4章 第5章 第6章 第7章 第8章 まとめ

Word 2021 応用

STEP2. 領収書を活用する

1. 医療費控除とは

医療費の自己負担が年間 10 万円を超えると税金が戻ってきます。この制度を「医療費控除」といいます。その年の 1 月 1 日から 12 月 31 日までの間で家計を共にする家族の医療費の合計が 10 万円を超えた場合は、申告すると、超えた額が所得額から控除され、控除分に見合う税金が戻ってきます。また、医療費控除の特例として、健康の維持増進および疾病の予防へ一定の取組を行う個人が、スイッチＯＴＣ医薬品（薬局やドラッグストアで購入できる市販薬）を購入した費用について所得控除を受ける「セルフメディケーション税制（特定の医薬品購入額の所得控除制度）」もあります。

（1） 医療費控除額の算出方法

医療費控除の対象となる金額は、次の式で計算した金額です。

ただし、生命保険や損害保険からの入院費給付金、健康保険などからの高額療養費、出産育児一時金などの金額は、1 年間に支払った医療費の合計から差し引かなければなりません。

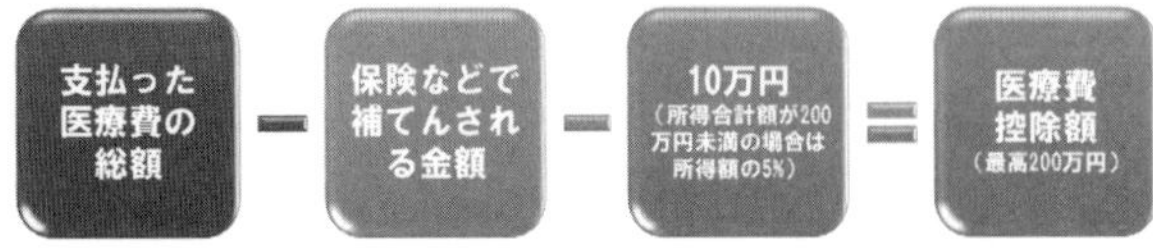

（2） 申告方法

医療費控除に関する事項を記載した確定申告書を所轄税務署長に提出します。申告用紙はインターネットからダウンロードすることもできます。インターネットに接続できない場合は、郵送してもらうこともできるので、最寄りの税務署に聞いてみましょう。申告する際には、「病院等の領収書」「源泉徴収票（原本）」「印鑑」を用意します。

（3） 申告の時期

医療費控除を受けるには、確定申告が必要です。そのため、確定申告の期間（毎年 2 月 16 日～3 月 15 日）に還付申告を行います。ただし、確定申告の義務のない給与所得者などの場合は、確定申告の期間に関係なく還付申告ができます。還付申告できる期間は、申告書を提出できる日から 5 年

2. 医療費控除の対象

医療費控除の対象になる支出は「治療のために必要なもの」であることが条件です。交通費など領収書がないものは、支出を記録しておきましょう。

（1） 医療費控除の対象になるもの

医療費控除の対象になるものは次のとおりです。

表 2-1 医療費控除の対象

診療や治療の対価	治療費の自己負担分、薬代、入院時の食事代、助産婦費用、 虫歯の治療費（保険外含む）、子どもの歯列矯正
交通費	通院のための交通費
薬局での購入費	医師の処方せんに基づいて購入した医薬品
器具・材料	医師の指示による血圧計・松葉杖・補聴器等の医療器具購入代
その他	病気治療のためのマッサージ・鍼灸・柔道整復師の施術費

（2） 医療費控除の対象にならないもの

医療費控除の対象にならないものは次のとおりです。

表 2-2 医療費控除の対象外

診療や治療の対価	人間ドッグ・検診・予防接種の費用[1]、美容整形の費用、眼鏡・コンタクトレンズ購入時の眼科受診料、美容のための歯列矯正、歯石除去の費用
交通費	自家用車のガソリン代、出産で実家に帰る際の交通費
薬局での購入費	日常で使用するための眼鏡・コンタクトレンズの購入
器具・材料	治療が目的でない保健薬・健康食品の購入費
その他	スポーツクラブの利用料

（3） 条件付きで対象になるもの

条件付きで医療費控除の対象になるものは次のとおりです。

表 2-3 医療費控除の対象（条件付き）

診療や治療の対価	ベッド・特別室の費用（病状等による）、治療のために行う大人の歯列矯正
交通費	タクシー代（電車・バスでの移動が困難な場合）
薬局での購入費	医師の処方せんのない医薬品（極端に高価なものを除く）
器具・材料	高齢者の紙オムツ代、松葉杖、車いす（通院治療のため必要な場合）
その他	ケアハウスの利用で医師の証明がある場合

[1] 検診などの健康を維持増進する取組は、セルフメディケーション税制の申請に必要になります。

STEP3. ムダをなくす

1. 治療内容への理解

医師に診てもらって「症状が良くならないから、別の病院に行こうかな…」と考えたことはありませんか？転院を考えるときは、次のような場合が多くあるようです。

- 慢性病で長くかかっているが、同じ治療の連続で一向に快方に向かわない。
- 急性の症状で診てもらったが、診断がどうもはっきりしない。

基本的に、治療の途中で転院するのは必ずしも得策ではありません。急性症状で始まっても、合併症が出て治療が長引くこともありますし、特に慢性的な病気は、継続的かつ長期的な視野で治療しなければならない場合があります。むやみに転院すると、同じような検査を繰り返すなど、時間や医療費がムダになるばかりでなく、検査で治療が中断され継続的な治療が続けられなくなる可能性もあります。

先のような理由で転院を考えるなら、まず今かかっている医師に疑問や不安を述べ、説明を求めることが重要です。治療方針に納得がいけば医師との信頼関係が生まれ、治療効果が上がることも期待できるのです。

2. 適正な検査と投薬

薬には副作用がつきものですが、それよりも大きな治療効果が得られるときに処方されます。また、X線検査やCT検査などで患者が浴びるX線量は問題になるほどの量ではありませんが、やはり意味もなく受けるものではないでしょう。X線検査やCT検査を受けると約1万円以上かかります。しかし、「患者負担は3割だから」とむやみに検査を依頼するのは、医療費のムダづかいにつながります。検査や投薬は診察した医師の判断で行われるものです。自分の健康のためにも、医療費のムダづかい解消のためにも、医師との相互理解が必要です。

3. 適正な治療を

患者と医師との相互理解は、「インフォームド・コンセント（Informed Consent）」といいます。まず、治療を行う医師が患者に治療方針、内容、検査、投薬などについて十分な説明を行います。患者は、その内容をよく理解し、納得したうえで、治療を受けることが重要とされています。患者は、自分の病気と医療行為について、知りたいことを知る権利があり、治療方法を自分で決め、決定する権利を持つのです。また、そのためには私たちも症状、病歴、体質などを的確に医師に伝えることが必要になるでしょう。

応用 P.109

① ステータスバーに行数を表示しましょう。

応用 P.110

② 次のように見出しを設定しましょう。

1ページ1行目	「領収書を知る」	：見出し1
1ページ2行目	「どんな領収書をもらっている？」	：見出し2
1ページ7行目	「領収書からわかるもの」	：見出し2
1ページ14行目	「医療費の内訳を知るには」	：見出し2
1ページ24行目	「領収書を活用する」	：見出し1
1ページ25行目	「医療費控除とは」	：見出し2
1ページ32行目	「医療費控除額の算出方法」	：見出し3
2ページ2行目	「申告方法」	：見出し3
2ページ7行目	「申告の時期」	：見出し2
2ページ11行目	「医療費控除の対象」	：見出し2
2ページ14行目	「医療費控除の対象になるもの」	：見出し3
2ページ22行目	「医療費控除の対象にならないもの」	：見出し3
2ページ30行目	「条件付きで対象になるもの」	：見出し3
3ページ3行目	「ムダをなくす」	：見出し1
3ページ4行目	「治療内容への理解」	：見出し2
3ページ16行目	「適正な検査と投薬」	：見出し2
3ページ23行目	「適正な治療を」	：見出し2

※1ページ目から順に見出しを設定した場合の、設定時の行数を記載しています。

応用 P.113 ③ ナビゲーションウィンドウを使って、見出し「**領収書からわかるもの**」を見出し「**医療費の内訳を知るには**」の後ろに移動しましょう。

応用 P.116 ④ ナビゲーションウィンドウを使って、「**申告の時期**」の見出しのレベルを1段階下げましょう。

応用 P.120 ⑤ スタイルセット「**影付き**」を適用しましょう。

応用 P.120 ⑥ 見出しのスタイルを次のように変更し、更新しましょう。

●見出し1

フォントサイズ：14ポイント

●見出し2

太字

●見出し3

左インデント　：0字 段落前の間隔：12pt

応用 P.124 ⑦ 見出し1から見出し3に、次のようにアウトライン番号を設定しましょう。それぞれの番号に続く空白の扱いはスペースにします。

見出し1：STEP1. 見出し2：1. 見出し3：(1)

HINT 《ホーム》タブ→《段落》グループの（アウトライン）→《リストライブラリ》の《1.、1.1.、1.1.1.》（インデントが設定されていないもの）をもとにして設定後、それぞれの見出しを修正します。

応用 P.145 ⑧ 文書内の3つの表の上側に、次のように図表番号を挿入しましょう。

「(1) 医療費控除の対象になるもの」の表	：表2-1□医療費控除の対象
「(2) 医療費控除の対象にならないもの」の表	：表2-2□医療費控除の対象外
「(3) 条件付きで対象になるもの」の表	：表2-3□医療費控除の対象（条件付き）

※□は全角空白を表します。

応用 P.120,146 ⑨ 図表番号のスタイルを次のように変更し、更新しましょう。

フォントサイズ：10ポイント 段落前の間隔　：0行 段落後の間隔　：0行 行間　　　　　：1.0

基礎 P.144 ⑩ 文書内の3つの表を次のように設定しましょう。

段落前の間隔：0行
段落後の間隔：0行
行間　　　　：1.0

応用 P.143 ⑪ 「表2-2　医療費控除の対象外」の表の1行2列目にある「予防接種の費用」の後ろに、次のように脚注を挿入しましょう。

脚注内容：検診などの健康を維持増進する取組は、セルフメディケーション税制の申請に必要になります。

応用 P.137 ⑫ 見出し「STEP2. 領収書を活用する」、「2. 医療費控除の対象」がそれぞれページの先頭になるように改ページを挿入しましょう。

応用 P.127 ⑬ 組み込みスタイル「サイドライン」を使って表紙を挿入し、次のように入力しましょう。

会社名　　　：削除
タイトル　　：医療費制度
サブタイトル：～医療費について考える～
作成者名　　：FOM健康保険組合
日付　　　　：削除

応用 P.127 ⑭ 表紙のコンテンツコントロールに、次のように書式を設定しましょう。

●タイトル

フォントサイズ　：55ポイント
文字の効果（影）：オフセット：下

●サブタイトル

フォント　　　：游ゴシック
フォントサイズ：24ポイント

●作成者名

フォント：游ゴシック
太字

※文書に「Lesson26完成」と名前を付けて、フォルダー「学習ファイル」に保存し、閉じておきましょう。

長文の作成

標準解答▶

あなたは、これまでの自分を振り返るために、自分史を作成することにしました。
完成図のような文書を作成しましょう。

●完成図

目次

自分史をつづる

第1章 【出　生】

1 誕生

昭和20年9月21日、五人兄弟の長男として、横浜市根岸で生まれる。

昭和17年から日本本土への空襲がはじまり、ついに昭和20年に広島、長崎に原爆が投下され、戦争が終わった。私は終戦直後に生まれた子どもである。

「豊」という名前の名付け親は祖母である。貧窮していた時代なので、経済的にも心も豊かにという意味で考えたという。父も母も名前はあれこれ考えていたようで候補はたくさんあったようだが、祖母に名付け親の立場を譲ったようだ。

ただし、私の名前を決めた話には、後日談が
たらしい。

2 両親

父・日出男（ひでお）は大正11年、母・静
弟の長男で、体も話す声も大きく、男らしい
のだと、少々迷惑な夢を持っていた。そのた
て、母は五人兄弟の末っ子で、どちらかとい
（言うとまた妻に叱られるが…）

父はとても厳しい人だったので、父の言うこ
ていたが、父がいなくなると、あとでこっそ

第2章 【故　郷】

1 横浜市の成長

私が生まれた頃から比べると、横浜もずいぶ
ジがあったが、「赤レンガパーク」や「クイ
が増えた。私の年齢層を考えると、少々訪れ
外と熟年層、家族連れが多い。

これからも新しいテーマパークやスポットが

p. 1

2 横浜中華街

先日、久しぶりに横浜中華街に行った。今でこそ約二百軒の料理店が並んでいるが、私が生まれた頃はほんの二十軒ほどしか店がなかった。昭和47年の日中国交回復から、どんどん店が増えていって、現在のような横浜中華街になった。みなとみらい線に乗りながら、子どもの頃はじめて中華街に行ったことを思い出していた。大学生だろうか、学生がたくさんいて、楽しそうに話しながら肉まんを食べている。この世代の人たちの中で横浜中華街の変貌ぶりに思いをはせる人はいまい。

3 山下公園

娘が子どものときによく行ったものだ。懐かしいので久しぶりに行ってみた。公園内をぐるりと散歩した。しばらく歩いたあと、「赤い靴の女の子」の像に、お久しぶりと挨拶。赤い靴の女の子は今日も膝を抱えて座り、横浜から海を見ている。

近くのベンチに腰を下ろしていると、母と子がジュースを飲みながら話していた。「おかあさん、なんで空は青いの」「なんで夏は暑いの」と子どもが聞いている。「なんでなんで」攻撃だ。この年頃の子どもはよくこの手の攻撃を仕掛けてくる。おかあさんは、子どもの夢を壊さないように言葉を選んで答えていた。一生懸命な横顔に「ご苦労様です」と心の中でつぶやく。でも、我が娘の「遊んで！遊んで！」攻撃はもっと強力だった。あれには本当にまいった。

第3章 【幼少から学生時代】

1 小学生時代

我が家は裕福なほうではなかったので、幼稚園には行かなかった。そのため、集団生活は小学校が初めてであった。

家から徒歩十分くらいのところにある「日の出小学校」に通った。校庭は広くも狭くもなく、隣の中学校の校庭とつながっている。当時、ベビーブームだったせいだろうか、私が三年生ぐらいのときに教室が足りなくなり、校庭にプレハブ小屋が建てられた。私たち子どもにとっては、そのプレハブ小屋の教室になった子がうらやましかった。今、思い返してみると、校舎に比べてかなり簡単な造りで、夏は暑く、冬は寒くていいと思えるところはひとつもない。しかし、当時の私たちには、まるで子どもたちだけのお城のように思えた。子どもは何をうらやましがるかわからないものだ。

2 中学生時代

中学は小学校の隣の「朝日中学校」に通った。小学校からの顔見知りが多いので、人見知りをする私でも、友達を作るのに苦労しないのが嬉しかった。

p. 2

勉強はあまりできるほうではなかった。親から受け継いだものが少ないから期待できない。そう言ったら早速、父に叩かれた。

父もあまり勉強ができるほうではなかったらしい。孫の私をかわいがっていた祖父が通信簿をこっそり見せてくれた。父よ、これでは無理だ。トンビが鷹を産むなんてことは、めったにない。

父の影響で子どものときから野球ばかりしていたので、中学校では野球部に所属していた。普段は「勉強しろ」と厳しく言う父も、野球に没頭している姿を見ると黙っていた。

3 高校生時代

父の協力のおかげか、野球で才能を発揮し、スポーツ推薦で「柳第一高等学校」へ入学することができた。野球の名門校で、私が在学中も甲子園に二度出場した。そこで、高校時代は野球一色の毎日を送った。甲子園での経験は一生の思い出である。その後、大学には進学しなかったので、高校生の三年間が最後の学生時代であった。

第４章 【結婚・娘の誕生】

1 結婚

二十三歳のときに結婚した。妻は小学生から
るのだが、私の子ども時代も知っているので
突っ込んだところも見られているのである。

2 待望の娘の誕生

結婚して二年が過ぎた頃、そろそろ子どもが
人目を出産したので、親族でお披露目会を開
らやましがっていた。

そんな私たち夫婦も結婚三年目にして、やっ
に似ている」と言い張る。

3 娘の紹介と成長記録

名前は優子。私の母が優雅で優しい子に育っ

昭和 46 年 7 月 20 日生まれ。星座はかに座で
重を増やしている。早くも両親の頑健さを引

4 娘の学生時代

娘の小学校の通信簿を見ると、まあまあ成績は良いようである。算数が得意らしい。でも「先生からの言葉」の欄に「先生や友達の話を最後まで聞きましょう」みたいなことがいつも書いてある。

高校に入学した頃から、娘は語学に関心を持ち、進学も外国語学科を目指していた。人見知りも物おじもしない子なので、合っているかもしれない。何に対しても興味津々の娘なので、スポーツや友達付き合いなど、いつも忙しい毎日を送っていた。

5 教育方針の違い

妻は自分が厳しく育てられ、よく勉強ができたせいか、あまり子どもに対して勉強しろとうるさく言わない。どちらかというと自由でおおらかな子に育てたいようである。確かに女の子だから、かわいらしいお嫁さんになってほしいところではあるが、私は自分が学歴で苦労したせいか、ついつい「勉強しなさい」と言ってしまう。早くも小学校のときぐらいから、「そろそろお父さんは嫌われたかな」と思うことがあった。

6 娘の結婚

娘に結婚したい人がいるので、明日つれて来ると言われた。ついに、そのときが来たか。テレビドラマで「お父さんは絶対反対だ！」とか言ってい
相手がこんな感じだったらこういう態度をし

次の日、娘がつれて来た背の高い男をひと目
か青色が混ざったような色。実家はパリとの
のである。私の世代でフランス人の彼を紹介

その後、順調に交際を続け、結婚後に娘はパ
な毎日である。だが、娘よ、君が大学で熱心

第５章 【退職後の過ごし

1 庭いじり

最近できた趣味が「庭いじり」である。「ガ
に好きなものを咲かせているレベルである。
なかった。きれいに咲いた花をデジタルカメ

2 散歩

庭いじりが好きになってから、自然に触れることも好きになった。近くの神社や遊歩道を散歩するのが楽しみになってきた。でも、興味を持つとのめり込むタイプの私は、さらに山歩き、国内の名所めぐりと散歩の範囲を広げていった。今では海外にまで散歩に行っている。先日はインドまで散歩に行ってきた。

あくまでも散歩、散歩。妻よ、怒ることなかれ。

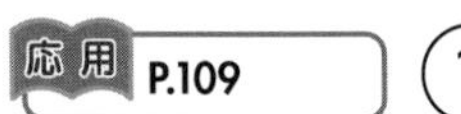
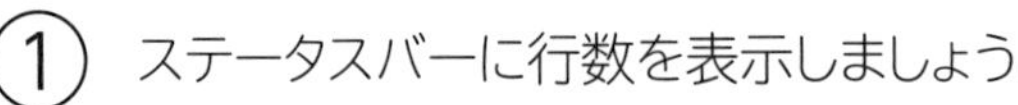

① ステータスバーに行数を表示しましょう。

② 次のように見出しを設定しましょう。

1ページ4行目	「【出　生】」	：見出し1
1ページ5行目	「誕生」	：見出し2
1ページ14行目	「両親」	：見出し2
1ページ22行目	「【故　郷】」	：見出し1
1ページ23行目	「横浜中華街」	：見出し2
1ページ29行目	「山下公園」	：見出し2
2ページ2行目	「横浜市の成長」	：見出し2
2ページ8行目	「【幼少から学生時代】」	：見出し1
2ページ9行目	「小学生時代」	：見出し2
2ページ18行目	「中学生時代」	：見出し2
2ページ27行目	「高校生時代」	：見出し2
2ページ32行目	「【結婚・娘の誕生】」	：見出し1
2ページ33行目	「結婚」	：見出し2
3ページ1行目	「待望の娘の誕生」	：見出し2
3ページ7行目	「娘の紹介と成長記録」	：見出し2
3ページ11行目	「娘の学生時代」	：見出し2
3ページ17行目	「教育方針の違い」	：見出し2
3ページ23行目	「娘の結婚」	：見出し2
3ページ32行目	「【退職後の過ごし方】」	：見出し1
3ページ33行目	「庭いじり」	：見出し2
3ページ37行目	「散歩」	：見出し2

※1ページ目から順に見出しを設定した場合の、設定時の行数を記載しています。

応用 P.120 ③ スタイルセット「線（シンプル）」を適用しましょう。

応用 P.120 ④ 見出しのスタイルを次のように変更し、更新しましょう。

●見出し1

太字

●見出し2

フォントサイズ：12ポイント
太字

応用 P.124 ⑤ 見出し1から見出し2に、次のようにアウトライン番号を設定しましょう。それぞれの番号に続く空白の扱いはスペースにします。

見出し1：第1章
見出し2：1

HINT 《ホーム》タブ→《段落》グループの（アウトライン）→《リストライブラリ》の《第1章、第1節、第1項》を設定後、それぞれの見出しを修正します。

応用 P.120　⑥ 見出し2のスタイルを次のように変更し、更新しましょう。

左インデント：0字

応用 P.139　⑦ 1ページ2行目に、見出しスタイルの設定されている項目を抜き出して、次のように目次を作成しましょう。

ページ番号　：右揃え
書式　：文語体
タブリーダー　：--------
アウトラインレベル：2

応用 P.137　⑧ 見出し「第1章【出　生】」がページの先頭になるように改ページを挿入しましょう。

応用 P.130　⑨ 組み込みスタイル「オースティン」を使って、奇数ページのヘッダーに文書のタイトル「自分史をつづる」を挿入しましょう。ヘッダーの余分な行は削除します。

応用 P.132,133　⑩ 組み込みスタイル「オースティン」を使って、フッターにページ番号を挿入し、次のように書式を設定しましょう。

偶数ページのページ番号：右に表示
奇数ページのページ番号：左に表示

次に、ページ番号は目次のページには表示しないようにしましょう。

HINT　2ページ目から本文が開始する文書で、本文のページ番号を「1」から開始するには、《ヘッダーとフッター》タブ→《ヘッダーとフッター》グループの（ページ番号の追加）→《ページ番号の書式設定》を使います。

応用 P.113　⑪ ナビゲーションウィンドウを使って、見出し「3 横浜市の成長」を見出し「1 横浜中華街」の前に移動しましょう。

応用 P.141　⑫ 目次をすべて更新しましょう。

※文書に「Lesson27完成」と名前を付けて、フォルダー「学習ファイル」に保存し、閉じておきましょう。

標準解答▶ 

あなたは、作成した会議の議事録を上司に校閲してもらいました。また、ほかにも修正する箇所がないか確認することにしました。
完成図のような文書を作成しましょう。

●完成図

作成日：2023年7月3日

新商品拡販施策会議　議事録

日時	2023年7月3日（月）午後1時～午後3時
場所	本社7階　第4会議室
議題	新製品「Natural Laboratory」の拡販計画について
出席者 （敬称略）	第一営業部）永田部長、反町課長、戸倉、岡 第二営業部）市川部長、園課長、大桃 第三営業部）藤原部長、飯島課長、渡辺 営業企画部）山田部長、石井課長、森田、早川
議事進行	営業企画部）山田部長
記録者	営業企画部）早川
議事	1. 新商品の市場調査結果について 2. 新商品の拡販計画の一部見直しについて 3. 次回会議日時

1. **新商品の市場調査結果について**
   - 営業企画部）石井課長より、オンラインアンケートの結果を説明。（別紙参照）
   - 第一営業部）永田部長より、オンラインアンケートでは、シルバー層の回答サンプルが不足しているので、団塊世代限定のリサーチの深耕が必要との指摘あり。
   - 再度リサーチを行うことを決定。

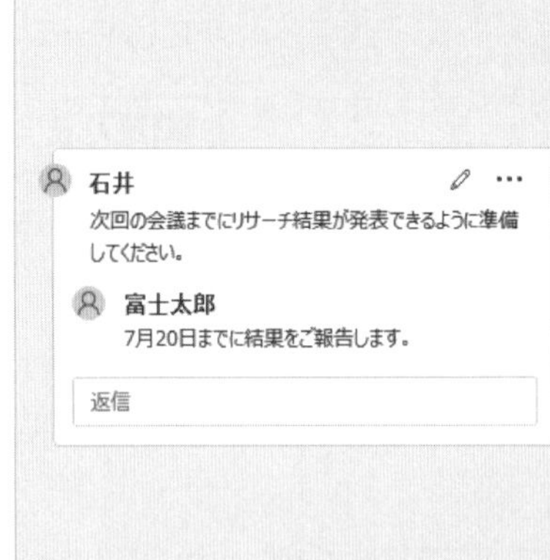
石井
次回の会議までにリサーチ結果が発表できるように準備してください。
富士太郎
7月20日までに結果をご報告します。
返信

2. **新商品の拡販計画の一部見直しについて**
   - 第一営業部）戸倉より、新商品の拡販計画の一部見直し案について内容を説明。（別紙参照）
   - 見直し後の拡販計画について、満場一致で承認。

3. **次回会議日時**
   日時：2023年8月3日（木）　午後1時～午後3時
   場所：本社7階　第2会議室

① スペルチェックによりチェックされている「Laboratury」を「Laboratory」に修正しましょう。

応用 P.155 ② 文章校正を使って「してるので」を「しているので」に修正しましょう。

応用 P.156 ③ 表記ゆれチェックを使って、カタカナの表記ゆれを全角のカタカナに修正しましょう。

応用 P.160 ④ 「Laboratory」を翻訳しましょう。

※インターネットに接続できる環境が必要です。

応用 P.170,171 ⑤ 変更履歴を表示して、次のように反映しましょう。

表の4行2列目	**：元に戻す**
20行目	**：承諾**
21～22行目	**：承諾**
30行目	**：承諾**

※行数を確認する場合は、ステータスバーに行番号を表示します。

応用 P.162 ⑥ コメントに表示されるユーザー名を確認しましょう。

応用 P.165 ⑦ 挿入されているコメントに、「7月20日までに結果をご報告します。」と返信しましょう。

※文書に「Lesson28完成」と名前を付けて、フォルダー「学習ファイル」に保存し、閉じておきましょう。

第5章 文書の校閲

標準解答▶ 

Lesson29

あなたは、健康管理センターに勤務しており、作成中の社内報を校閲して仕上げることにしました。
完成図のような文書を作成しましょう。

●完成図

2023年9月20日発行

FOM Report

今回のFOM Reportの特集は「スポーツでの事故を防ぐために」です。
健康を維持するため、ストレス解消のために行うスポーツで、思わぬ事故にあわないように気を付けましょう。

楽しいスポーツで思わぬ事故に

さわやかな季節、スポーツの秋です。ゴルフやテニスなどのスポーツを楽しんでいると、ついつい夢中になって思わぬ事故にあってしまうことがあります。
そこで、運動による事故として、実際にあった次のような事例をいくつかご紹介します。

- ソフトボールをしていて、フライをとるためにジャンプ。着地のときに足が絡まって転倒し、足首を骨折。
- テニスのキャリアも技術もある人がプレイ中、ボールを打ち返すという、ごく普通の動作で踏み込み、アキレス腱を断裂。
- 子どもの運動会で、障害物競走に出場。全力で走り、網をくぐり抜けたときに太ももとふくらはぎを肉離れ。

日ごろから体を動かす習慣を

日ごろ運動をしていない人にとって、急な運動は思わぬ事故につながります。運動による事故を未然に防ぐためには、十分な準備運動が必要です。準備運動は硬くなっている筋肉をほぐしてくれます。特によく使う筋肉や関節は念入りにほぐしましょう。
さらにいえば、日ごろから運動をする習慣をつけて、筋力を蓄えておくことも大切です。無理なく手軽なものから始めるとよいでしょう。
まず、効果的なのがウォーキングです。ウォーキングを続けると、心肺機能が高まり、スポーツなどで疲れにくくなります。また、筋肉と血管に弾力性がつき、腰痛やちょっとした衝撃でのケガを防いでくれるようになります。
ストレッチも効果的です。緊張した筋肉や狭まってきた関節組織の柔軟性をよくするために役立ちます。ストレッチのよいところは、仕事の合間や入浴後など、どこでも手軽にできる点です。
これから秋も深まり寒い季節になります。十分に気を付けてスポーツを楽しんでください。

健康管理センター診療時間変更のお知らせ

10月から診療時間が次のように変更になります。ご注意ください。

曜日	時間	担当医
月	10:00～16:00	山田先生
水	14:00～17:00	山田先生
金	10:00～12:00	中山先生

発行元：健康管理センター
TEL：055-284-XXXX

応用 P.156 ① 表記ゆれチェックを使って、「ウオーキング」を「ウォーキング」に修正しましょう。

応用 P.156 ② 表記ゆれチェックを使って、カタカナの表記ゆれを全角のカタカナに修正しましょう。

応用 P.158 ③ スペルチェックによりチェックされている「Repolt」を「Report」に修正しましょう。

応用 P.155 ④ 文章校正を使って、「楽しんでると」を「楽しんでいると」に修正しましょう。

応用 P.167 ⑤ 「「準備運動やストレッチの重要性」は、…」のコメントを削除しましょう。

応用 P.168 ⑥ 変更履歴の記録を開始し、次のように文書を変更しましょう。変更後、変更履歴の記録を終了しましょう。

10行目	：「という、ごく」を削除
25行目	：「仕事の合間」の後ろに「や入浴後」を追加
26行目	：「スポーツをする前の準備運動やストレッチの重要性はおわかりいただけたでしょうか。」の行を削除

※行数を確認する場合は、ステータスバーに行番号を表示します。

応用 P.170,171 ⑦ 変更履歴を表示して、変更内容を次のように反映しましょう。

10行目	：元に戻す
25行目	：反映
26行目	：反映

※文書に「Lesson29完成」と名前を付けて、フォルダー「学習ファイル」に保存し、文書を閉じておきましょう。

応用 P.174 ⑧ ⑦で保存した文書「Lesson29完成」をもとに、文書「Lesson29比較用」との違いを比較して、相違点を新しい文書に表示しましょう。

※比較結果の文書は保存せずに閉じておきましょう。

第6章

Excelデータを利用した文書の作成

標準解答▶ 

OPEN
W Lesson30
E 入会者数集計表

あなたは、音楽教室を運営する会社の管理部に所属しており、上期の新規入会者数についてExcelで集計したデータを利用して報告書を作成することになりました。
完成図のような文書を作成しましょう。

●完成図

2022 年 10 月 14 日

教室責任者各位

本社）管理部

2022 年度上期　新規入会者数について

2022 年度上期の新規入会者について、集計結果をご報告いたします。
今年度からウクレレコースを新設いたしましたが、順調な伸びで予想を上回る結果となりました。
2022 年度下期は、サービスの質の向上および積極的な PR 活動に重点をおき、新規入会者のさらなる獲得を目標にご尽力いただきますようお願い申し上げます。

【集計結果】

コース名	ピアノ	ギター	バイオリン	フルート	ボーカル	ウクレレ	合計	備考
4月	90	78	31	25	18	8	**250**	入会金¥0キャンペーン
5月	65	45	8	15	24	6	**163**	
6月	49	40	10	8	22	15	**144**	
7月	79	36	30	32	40	28	**245**	入会金¥0キャンペーン
8月	60	39	18	24	29	18	**188**	
9月	104	110	33	32	41	10	**330**	入会金¥0キャンペーン
合計	**447**	**348**	**130**	**136**	**174**	**85**	**1,320**	

【入会者数推移】

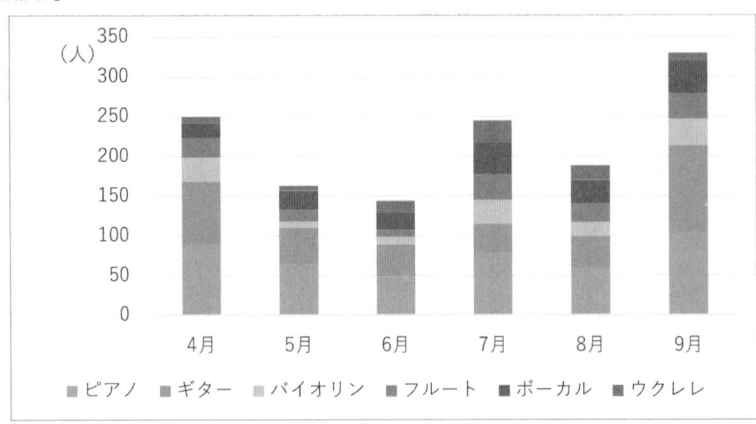

以上

▶ブック「入会者数集計表」

2022/10/14

2022年度上期　新規入会者数集計表

コース名	ピアノ	ギター	バイオリン	フルート	ボーカル	ウクレレ	合計	備考
4月	90	78	31	25	18	8	250	入会金¥0キャンペーン
5月	65	45	8	15	24	6	163	
6月	49	40	10	8	22	15	144	
7月	79	36	30	32	40	28	245	入会金¥0キャンペーン
8月	60	39	18	24	29	18	188	
9月	104	110	33	32	41	10	330	入会金¥0キャンペーン
合計	447	348	130	136	174	85	1,320	

応用 P.183,184

① 「【集計結果】」の下の行に、Excelのブック「入会者数集計表」の表を、図として貼り付けましょう。

応用 P.70

② ①で貼り付けた表の図の明るさを「+20%」、コントラストを「−20%」に調整しましょう。

応用 P.189

③ 「【入会者数推移】」の下の行に、Excelのブック「入会者数集計表」のグラフを、元の書式を保持して埋め込みましょう。
次に、グラフ全体を、行の中央に配置しましょう。

応用 P.17

④ ③で貼り付けたグラフのフォントサイズを「11」ポイントに設定しましょう。

※文書に「Lesson30完成」と名前を付けて、フォルダー「学習ファイル」に保存し、閉じておきましょう。
※Excelのブック「入会者数集計表」を保存せずに閉じておきましょう。

第6章

Excelデータを利用した文書の作成

標準解答▶

OPEN
W Lesson31
E イベント実施結果

あなたは、化粧品メーカーの広報部に所属しており、担当したイベントについてExcelで集計したデータを利用して報告書を作成することになりました。
完成図のような文書を作成しましょう。

●完成図

2022年10月27日

関係者各位

広報部

「FOMビューティー・ワールド 2022」実施報告

10月20日（木）～23日（日）に開催した掲記イベントについて、下記のとおりご報告いたします。
開催期間中、合計4,207名のお客様にご来場いただき、好評のうちに無事終了いたしました。開催にあたり、ご協力をいただきました皆様に、この場を借りて御礼申し上げます。

記

1.来場者数

	2022				前年比			
	ご招待	一般	プレス	合計	ご招待	一般	プレス	合計
10月20日(木)	458	357	36	851	116%	119%	171%	119%
10月21日(金)	587	402	24	1,013	98%	83%	218%	92%
10月22日(土)	768	524	18	1,310	119%	105%	106%	113%
10月23日(日)	641	387	5	1,033	107%	120%	71%	112%
合計	2,454	1,670	83	4,207	110%	104%	148%	108%

2.アンケート集計結果

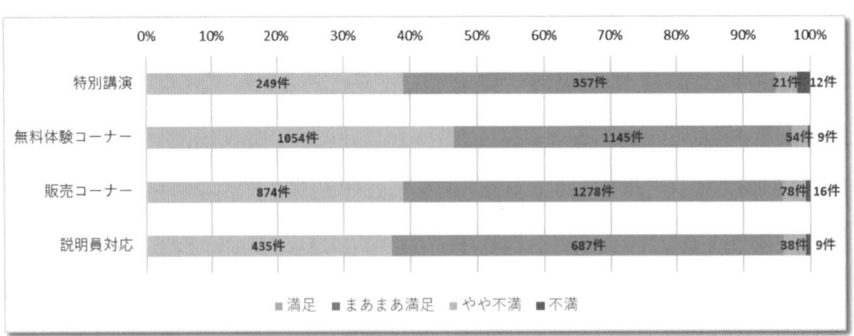

以上

担当：広報部　杉浦
内線：344-XXXX

▶ブック「イベント実施結果」

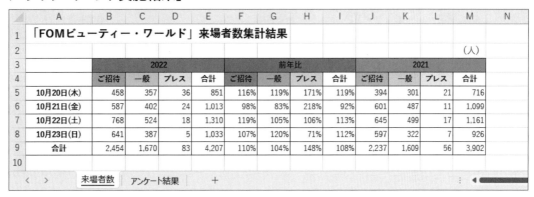

「FOMビューティー・ワールド」来場者数集計結果

（人）

	2022				前年比				2021			
	ご招待	一般	プレス	合計	ご招待	一般	プレス	合計	ご招待	一般	プレス	合計
10月20日(木)	458	357	36	851	116%	119%	171%	119%	394	301	21	716
10月21日(金)	587	402	24	1,013	98%	83%	218%	92%	601	487	11	1,099
10月22日(土)	768	524	18	1,310	119%	105%	106%	113%	645	499	17	1,161
10月23日(日)	641	387	5	1,033	107%	120%	71%	112%	597	322	7	926
合計	2,454	1,670	83	4,207	110%	104%	148%	108%	2,237	1,609	56	3,902

来場者数　アンケート結果

アンケート集計結果

（件数）

	満足	まあまあ満足	やや不満	不満	合計
特別講演	249	357	21	12	639
無料体験コーナー	1,054	1,145	54	9	2,262
販売コーナー	874	1,278	78	16	2,246
説明員対応	435	687	38	9	1,169
合計	2,612	3,467	191	46	6,316

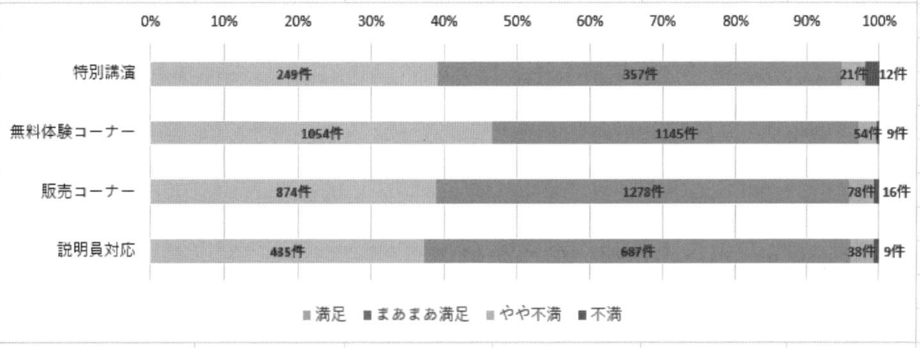

0%　10%　20%　30%　40%　50%　60%　70%　80%　90%　100%

特別講演　249件　357件　21件　12件

無料体験コーナー　1054件　1145件　54件　9件

販売コーナー　874件　1278件　78件　16件

説明員対応　435件　687件　38件　9件

■満足　■まあまあ満足　■やや不満　■不満

来場者数　アンケート結果

応用 P.184

① 「1.来場者数」の下の行に、Excelのブック「イベント実施結果」のシート「来場者数」のセル範囲【A3：I9】を貼り付けましょう。

基礎 P.114,115

② 完成図を参考に、①で貼り付けた表のサイズを調整しましょう。
次に、「2022」の「ご招待」から「前年比」の「合計」までの列の幅を等間隔にそろえましょう。

HINT 列の幅を等間隔にそろえるには、範囲を選択→《レイアウト》タブ→《セルのサイズ》グループの 幅を揃える（幅を揃える）を使います。

応用 P.189

③ 「2.アンケート集計結果」の下の行に、Excelのブック「イベント実施結果」のシート「アンケート結果」のグラフを、図として貼り付けましょう。

基礎 P.181

④ 完成図を参考に、③で貼り付けたグラフの図のサイズを変更し、「オフセット：右下」の影を設定しましょう。

※文書に「Lesson31完成」と名前を付けて、フォルダー「学習ファイル」に保存し、閉じておきましょう。
※Excelのブック「イベント実施結果」を保存せずに閉じておきましょう。

第7章

文書の検査と保護

標準解答 ▶ 

OPEN

Lesson32

あなたは、これまでの自分を振り返るために、自分史を作成することにしました。
完成図のような文書を作成しましょう。

●完成図

横浜と私

私について

① 誕生

昭和20年9月21日、五人兄弟の長男として、横浜市根岸で生まれる。
昭和17年から日本本土への空襲がはじまり、ついに昭和20年に広島、長崎に原爆が投下され、戦争が終わった。私は終戦直後に生まれた子どもである。
「豊」という名前の名付け親は祖母である。貧窮していた時代なので、経済的にも心も豊かにという意味で考えたという。父も母も名前はあれこれ考えていたようで候補はたくさんあったようだが、祖母に名付け親の立場を譲ったようだ。
ただし、私の名前を決めた話には、後日談がある。「豊」というのは、実は祖母の初恋の人の名前だったらしい。

② 両親

父・日出男（ひでお）は大正11年、母・
弟の長男で、体も話す声も大きく、男らし
だと、少々迷惑な夢を持っていた。そのた
母は五人兄弟の末っ子で、どちらかという
また妻に叱られるが…）
父はとても厳しい人だったので、父の言う
ていたが、父がいなくなると、あとでこっ

③ 小学生時代

我が家は裕福なほうではなかったので、幼
であった。
家から徒歩十分くらいのところにある「日
の校庭とつながっている。当時、ベビーブ
りなくなり、校庭にプレハブ小屋が建てら
なった子がうらやましかった。今、思い返
は寒くていいと思えるところはひとつもな
のように思えた。子どもは何をうらやまし

横浜と私

④ 中学生時代

中学は小学校の隣の「朝日中学校」に通った。小学校からの顔見知りが多いので、人見知りをする私でも、友達を作るのに苦労しないのが嬉しかった。
勉強はあまりできるほうではなかった。父もあまり勉強ができるほうではなかったらしい。孫の私をかわいがっていた祖父が通信簿をこっそり見せてくれた。父よ、これでは無理だ。トンビが鷹を産むなんてことは、めったにない。
父の影響で子どものときから野球ばかりしていたので、中学校では野球部に所属していた。普段は「勉強しろ」と厳しく言う父も、野球に没頭している姿を見ると黙っていた。

⑤ 高校生時代

父の協力のおかげか、野球で才能を発揮し、スポーツ推薦で「柳第一高等学校」へ入学することができた。野球の名門校で、私が在学中も甲子園に二度出場した。そこで、高校時代は野球一色の毎日を送った。甲子園での経験は一生の思い出である。その後、大学には進学しなかったので、高校生の三年間が最後の学生時代であった。

⑥ 結婚

二十三歳のときに結婚した。妻は小学生からの幼なじみだった。よく言えば、気心知れた仲で安心できるのだが、私の子ども時代も知っているのでたちが悪い。父親に叱られて泣いたところやドブに足を突っ込んだところも見られているのである。
結婚して二年が過ぎた頃、そろそろ子どもが欲しいという話題になった。そんな私たち夫婦も結婚三年目にして、やっと娘が誕生した。

⑦ 娘の紹介と成長記録

名前は優子。優雅で優しい子に育ってほしいという意味で、私の母が名付けた。
昭和46年7月20日生まれ。星座はかに座で、血液型はB型だ。
生まれたときから3歳までを表にしてみた。

	身長	体重
生まれたとき	49cm	3,250g
1歳	73cm	9,820g
1歳半	81cm	10.6kg
2歳	86cm	11.3kg
3歳	93cm	13.1kg

そのあとも順調に身長を伸ばし、体重を増やしている。早くも両親の頑健さを引き継いだか？　その後も、大きな病気をすることもなく、健やかに成長してくれた。

2

横浜と私

港町・横浜

① 横浜市の成長

私が生まれた頃から比べると、横浜もずいぶん変わったものだ。
昔から港やおしゃれな街というイメージがあったが、私が高校生のときにできた「横浜マリンタワー」をはじめ「横浜ベイブリッジ」や「横浜ランドマークタワー」など、新しいスポットが続々と出来上がる。
それに呼応するように「みなとみらい線」の開通など、交通の便もよくなった。

② 横浜中華街

先日、久しぶりに横浜中華街に行った。今でこそ約二百軒の料理店が並んでいるが、私が生まれた頃はほんの二十軒ほどしか店がなかった。昭和47年の日中国交回復から、どんどん店が増えていって、現在のような横浜中華街になった。みなとみらい線に乗りながら、子どもの頃はじめて中華街に行ったことを思い出していた。大学生だろうか、学生がたくさんいて、楽しそうに話しながら肉まんを食べている。この世代の人たちの中で横浜中華街の変貌ぶりに思いをはせる人はいまい。

③ 山下公園

娘が子どものときによく行ったものだ。懐かしいので久しぶりに行ってみた。公園内をぐるりと散歩した。しばらく歩いたあと、「赤い靴の女の子」の像に、お久しぶりと挨拶。赤い靴の女の子は今日も膝を抱えて座り、横浜から海を見ている。
近くのベンチに腰を下ろしていると、母と子がジュースを飲みながら話していた。「おかあさん、なんで空は青いの」「なんで夏は暑いの」と子どもが聞いている。「なんでなんで」攻撃だ。この年頃の子どもはよくこの手の攻撃を仕掛けてくる。おかあさんは、子どもの夢を壊さないように言葉を選んで答えていた。一生懸命な横顔に「ご苦労様です」と心の中でつぶやく。でも、我が娘の「遊んで！遊んで！」攻撃はもっと強力だった。あれには本当にまいった。

④ 最近の私のお気に入り

最近よく訪れるのは、「赤レンガパーク」だ。私が子どもの頃は国の所有物だったのに、今ではおしゃれなショッピング・ゾーンとして生まれ変わり、家族連れや若い人であふれかえっている。友達と遊びに行ける場所が増えた。私の年齢層を考えると、少々訪れにくい場所もあるかと思ったがそうでもなく、休日には意外と熟年層、家族連れが多い。「山下公園」を通り、「大桟橋」で海を眺め、「赤レンガパーク」で妻とお茶をする、ナイスミドル（?）な生活を楽しんでいる。
そのほかにも横浜には、いろいろなスポットがある。さすが港町横浜、住民は新しいもの好き（?）という感じである。これからも新しいテーマパークやスポットができたら、どんどん足を運んでみるつもりだ。

3

応用 P.198

① 文書のプロパティに、次の情報を設定しましょう。

タイトル：横浜と私 作成者　：中沢□豊

※□は全角空白を表します。

応用 P.130

② ①で設定したプロパティの内容を利用して、ヘッダーの左側にタイトルを表示しましょう。

HINT プロパティの内容をヘッダーに挿入するには、《ヘッダーとフッター》タブ→《挿入》グループの（クイックパーツの表示）を使います。

応用 P.200

③ ドキュメント検査ですべての項目についてチェックし、検査結果からコメントを削除しましょう。
※コメントが挿入されていることを確認しておきましょう。

応用 P.203,205

④ 文書のアクセシビリティをチェックしましょう。
次に、アクセシビリティチェックでエラーとなった画像に、代替テキストとして**「生まれた頃の写真」**を設定しましょう。

応用 P.206

⑤ 文書にパスワード「password」を設定しましょう。
次に、文書に**「Lesson32完成」**と名前を付けて、フォルダー「Word2021ドリル」のフォルダー**「学習ファイル」**に保存し、閉じましょう。

応用 P.207

⑥ フォルダー「Word2021ドリル」のフォルダー**「学習ファイル」**の文書「Lesson32完成」を開きましょう。
※⑤で設定したパスワードを入力します。

応用 P.209

⑦ 文書「Lesson32完成」を最終版として保存しましょう。

※文書「Lesson32完成」を閉じておきましょう。

便利な機能

標準解答 ▶

OPEN
Lesson33
公園map

あなたは、クリーンボランティア活動の運営スタッフをしており、定期的に実施するボランティア募集のご案内資料を誰でも簡単に作成できるように、テンプレートを作成することにしました。
完成図のような文書を作成しましょう。

●完成図

渚市　ビーチクリーンボランティア

参加登録フォーム

【注意】募集対象は、渚市内在住の方に限らせていただきます。

項目（※は必須です。）	登録内容
参加希望日（※）	
フリガナ（※）	
お名前（※）	
年齢（※）	□10 代 □20 代 □30 代 □40 代 □50 代 □60 代 □70 代以上
メールアドレス（※）	
電話番号（※）	
お住まいの区（※）	□かえで区　□なつめ区　□みどり区
参加回数	□初めて □2 回目 □3 回目以上
備考	

活動場所

集合：渚市海浜公園モニュメント前

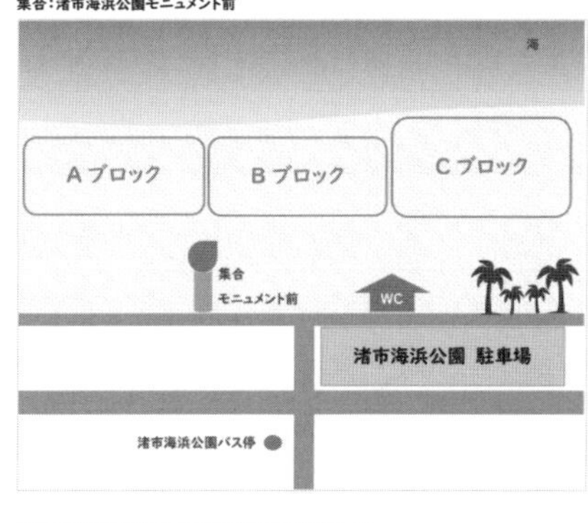

グループに分かれて、A～C ブロックのゴミを拾いましょう。
集めたゴミは分別し、モニュメント前に置いてください。運べない大きなゴミなどがあった場合は、無理をせず、運営スタッフまでご連絡ください。

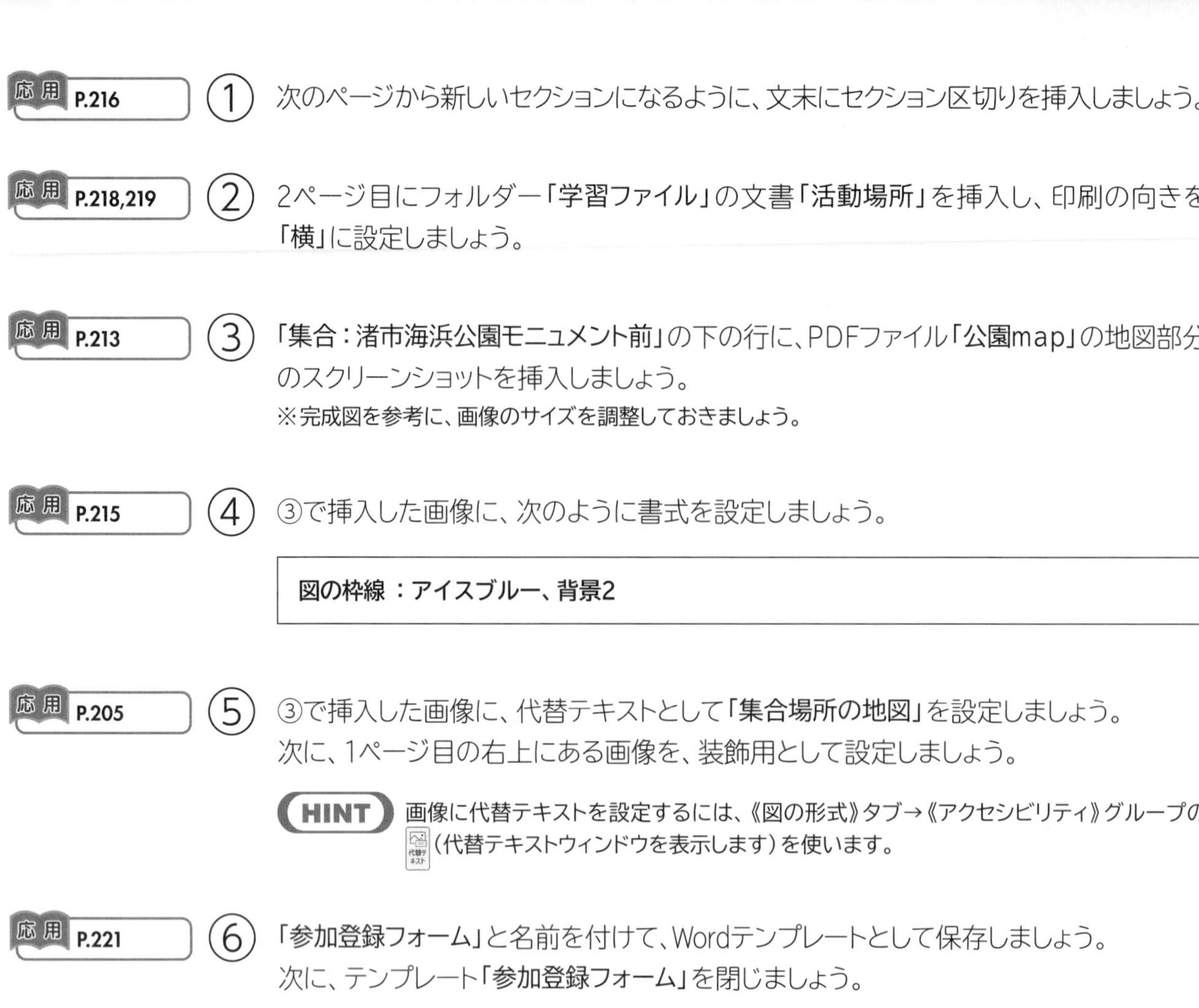

応用 P.216 ① 次のページから新しいセクションになるように、文末にセクション区切りを挿入しましょう。

応用 P.218,219 ② 2ページ目にフォルダー「**学習ファイル**」の文書「**活動場所**」を挿入し、印刷の向きを「**横**」に設定しましょう。

応用 P.213 ③ 「**集合：渚市海浜公園モニュメント前**」の下の行に、PDFファイル「**公園map**」の地図部分のスクリーンショットを挿入しましょう。

※完成図を参考に、画像のサイズを調整しておきましょう。

応用 P.215 ④ ③で挿入した画像に、次のように書式を設定しましょう。

図の枠線　：アイスブルー、背景2

応用 P.205 ⑤ ③で挿入した画像に、代替テキストとして「**集合場所の地図**」を設定しましょう。
次に、1ページ目の右上にある画像を、装飾用として設定しましょう。

HINT 画像に代替テキストを設定するには、《図の形式》タブ→《アクセシビリティ》グループの（代替テキストウィンドウを表示します）を使います。

応用 P.221 ⑥ 「**参加登録フォーム**」と名前を付けて、Wordテンプレートとして保存しましょう。
次に、テンプレート「**参加登録フォーム**」を閉じましょう。

応用 P.222 ⑦ ⑥で保存したテンプレートをもとに、新しい文書を作成しましょう。

※文書を保存せずに閉じておきましょう。

※PDFファイル「公園map」を閉じておきましょう。

Skill Up | Microsoft® Word 2021

まとめ

標準解答▶

OPEN
- Lesson34
- メニュー
- BISTRO地図

あなたは、レストランに勤務しており、ランチメニューのチラシを作成することになりました。完成図のような文書を作成しましょう。

●完成図

Kitchen deli **BISTRO**

Lunch Menu

11:30～14:30

「Kitchen deli BISTRO」では、日替わりでバラエティー豊かなお弁当をご用意しております。
500円とは思えないボリュームたっぷりなランチをぜひご利用ください。

This Week Lunch 6/5～6/9

5日(月)	豚肉と山芋の黒コショウ炒め と 一口揚げ餃子
6日(火)	チーズリゾット と エビフライオーロラソース
7日(水)	こんがり焼いたナスのラザニア と トマトのドライカレー
8日(木)	ぶりの照り焼き と 野菜たっぷり豚ゴマしゃぶ
9日(金)	生ハムとスモークサーモンのエッグベネディクト

Next Week Lunch 6/12～6/16

12日(月)	若鶏のしそゴマ風味焼き と 春巻き と えびマヨ
13日(火)	ハンバーグステーキ和風ソース と さやいんげんのドレッシング和え
14日(水)	地中海風パエリア と スモークサーモンのサラダ
15日(木)	チキン＆アボカドのサンドウィッチ と アクアパッツァ
16日(金)	白身魚のタンドリー風 と 焼きえびのサラダ

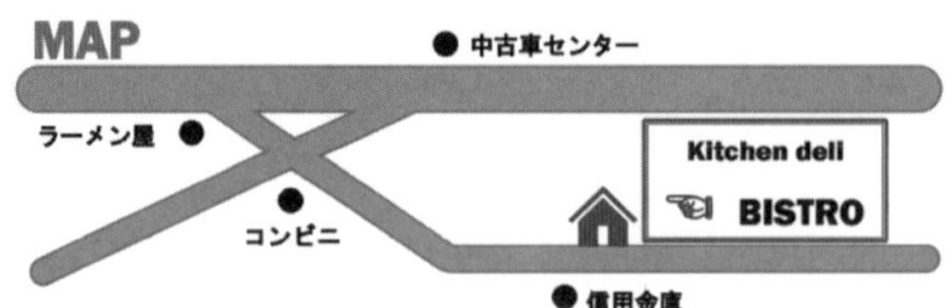

ご予約は、お電話・店頭で当日11時までの受付です。

〒153-0042 東京都目黒区青葉台3-X-XX TEL:03-3719-XXXX

▶ブック「メニュー」

	A	B
1	5日(月)	豚肉と山芋の黒コショウ炒め と 一口揚げ餃子
2	6日(火)	チーズリゾット と エビフライオーロラソース
3	7日(水)	こんがり焼いたナスのラザニア と トマトのドライカレー
4	8日(木)	ぶりの照り焼き と 野菜たっぷり豚ゴマしゃぶ
5	9日(金)	生ハムとスモークサーモンのエッグベネディクト
6	10日(土)	定休日
7	11日(日)	定休日
8	12日(月)	若鶏のしそゴマ風味焼き と 春巻き と えびマヨ
9	13日(火)	ハンバーグステーキ和風ソース と さやいんげんのドレッシング和え
10	14日(水)	地中海風パエリア と スモークサーモンのサラダ
11	15日(木)	チキン&アボカドのサンドウィッチ と アクアパッツァ
12	16日(金)	白身魚のタンドリー風 と 焼きえびのサラダ
13	17日(土)	定休日
14	18日(日)	定休日
15	19日(月)	鶏手羽元のレモングラス焼き と 苦瓜と卵の炒めもの
16	20日(火)	ローストビーフのわさびソース と クリームコロッケ
17	21日(水)	カジキマグロの香味揚げ と 豆乳クリーム包み
18	22日(木)	若鶏のバンバンジー風 と 豚の角煮
19	23日(金)	生ハムとスモークサーモンのエッグベネディクト
20	24日(土)	定休日
21	25日(日)	定休日
22	26日(月)	チーズ入りビーフロールカツ と アスパラのクリームコロッケ
23	27日(火)	豚肉と山芋の黒コショウ炒め と 一口揚げ餃子
24	28日(水)	チキン&アボカドのサンドウィッチ と アクアパッツァ
25	29日(木)	サーモンムニエル と かぼちゃとトマトの焼きマリネ
26	30日(金)	チキンのマーマレード煮 と ピーマンとかぼちゃのきんぴら炒め
27		

6月

基礎 P.165
応用 P.13

① 次のようにテーマを適用しましょう。

テーマの色　　　：緑
テーマのフォント：Arial　MSPゴシック　MSPゴシック

基礎 P.87,88

② 1行目の「Kitchen deli BISTRO」に、次のように書式を設定しましょう。

フォント　：Arial Black
フォントの色：濃い赤

次に、**「Kitchen deli␣」**のフォントサイズを**「22」**ポイント、**「BISTRO」**のフォントサイズを**「48」**ポイントに設定しましょう。
※␣は半角空白を表します。

基礎 P.87,88,140

③ 「Lunch Menu」に、次のように書式を設定しましょう。

フォント　　　：Arial Black
フォントサイズ：36ポイント
文字の効果　　：塗りつぶし：緑、アクセントカラー1；影
フォントの色　：ライム、アクセント2、黒+基本色25%

基礎 P.87,88

④ 「11:30～14:30」に、次のように書式を設定しましょう。

フォント　　　：Arial Black
フォントサイズ：20ポイント
フォントの色　：濃い赤

基礎 P.87-89

⑤ 「This Week Lunch　6/5～6/9」に、次のように書式を設定しましょう。

フォント　　　：Arial Black
フォントサイズ：18ポイント
斜体
フォントの色　：ライム、アクセント2、黒+基本色50%

基礎 P.88,142

⑥ ⑤で設定した書式を「Next Week Lunch　6/12～6/16」にコピーしましょう。
次に、フォントの色を**「ライム、アクセント2、黒+基本色25%」**に変更しましょう。

基礎 P.174,176

⑦ 完成図を参考に、フォルダー**「学習ファイル」**の画像**「ロゴ」**を挿入し、文字列の折り返しを**「前面」**に設定しましょう。
※完成図を参考に、画像の位置とサイズを調整しておきましょう。

応用 P.184

⑧ 「This Week Lunch　6/5～6/9」の下の行に、Excelのブック**「メニュー」**のセル範囲**【A1:B5】**を貼り付けましょう。
次に、「Next Week Lunch　6/12～6/16」の下の行に、Excelのブック**「メニュー」**のセル範囲**【A8:B12】**を貼り付けましょう。

応用 P.185

⑨ 2つの表に、次のように書式を設定しましょう。

フォント　　　：MSPゴシック **フォントサイズ：11ポイント**

基礎 P.118

⑩ 2つの表の2列目の文字列の配置を**「中央揃え」**に設定しましょう。

応用 P.213

⑪ 「Next Week Lunch　6/12～6/16」の表の下の行に、フォルダー**「学習ファイル」**のPDFファイル**「BISTRO地図」**の地図部分のスクリーンショットを挿入しましょう。
※完成図を参考に、図のサイズを調整しておきましょう。

基礎 P.121

⑫ 2つの表と、地図の図を行の中央に配置しましょう。

応用 P.205

⑬ 画像「ロゴ」に代替テキスト**「BISTROロゴ」**、地図の図に代替テキスト**「BISTRO地図」**を設定しましょう。

基礎 P.80,87

⑭ 「ご予約は、お電話・店頭で当日11時までの受付です。」「〒153-0042　東京都目黒区青葉台3-X-XX　TEL:03-3719-XXXX」の行を右揃えにしましょう。
次に、「TEL:03-3719-XXXX」のフォントサイズを**「22」**ポイントに設定しましょう。

基礎 P.129

⑮ 「ご予約は、お電話・店頭で当日11時までの受付です。」の行の下に、次のように段落罫線を引きましょう。

罫線の種類：―――――― **罫線の色　：緑、アクセント1** **罫線の太さ：3pt**

基礎 P.186,187

⑯ 完成図を参考に、電話のアイコンを挿入し、次のように書式を設定しましょう。

グラフィックの塗りつぶし：濃い赤 **文字列の折り返し　　　　：前面**

※完成図を参考に、アイコンの位置とサイズを調整しておきましょう。

応用 P.43,48,75

⑰ 左上の図形をコピーしましょう。
次に、完成図を参考に、図形の向きと位置を調整しましょう。

※文書に「Lesson34完成」と名前を付けて、フォルダー「学習ファイル」に保存し、閉じておきましょう。
※PDFファイル「BISTRO地図」とExcelのブック「メニュー」を保存せずに閉じておきましょう。

標準解答▶

OPEN

Lesson35

あなたは、海産物専門のオンラインショップの運営スタッフで、商品発送時に同梱するおすすめ商品のチラシを作成することになりました。
完成図のような文書を作成しましょう。

●完成図

FOM MARKET PLACE NEWS

特産品倶楽部 No.9

当店のバイヤーが厳選した毎月のおすすめ品や、期間限定のセール情報、お得なキャンペーン情報が満載です！

今月のおすすめ品！

岬と入り江が交互に入りくんだ美しい景観を持つ岩手県三陸海岸。リアス式海岸としても有名な三陸海岸は、黒潮と親潮がぶつかって潮目（しおめ）となり、暖流系と寒流系の魚類が豊富にとれる、世界三大漁場のひとつです。そこから沖へ20,000m、水深400mから汲みあげた海洋深層水を使った商品をご用意しました。この機会に是非ご賞味ください！

■三陸海洋深層水「Sea Water」1.5L×12本セット

特別価格　¥2,800-　（税込）

- 三陸沖20,000m、水深400mから汲みあげた三陸海洋深層水を100%使用
- 硬度300mg/Lで、マグネシウム・カルシウム等のミネラル成分が豊富

■海洋深層水で作ったなめらか豆腐（4丁）

特別価格　¥1,800-　（税込）

- 大豆本来の美味しさを引き出す、ミネラルが豊富な三陸沖の海洋深層水を使用
- 北海道産の最高級大豆「トヨムスメ」を使用

海洋深層水って何？

海洋深層水とは、水深200m以深の太陽光が届かない深海をゆっくりと流れている海水のことです。地球上の海水は水深200m付近を境として、表層水と深層水に分かれています。このあたりから水温が急に冷たくなっていきます。低水温の理由は、北大西洋のグリーンランド沖や南極海などで冷やされた海水が底に沈み、およそ2000年の年月をかけてゆっくりと大洋全体に広がっているためと考えられています。
世界で初めて海洋深層水の研究を始めたのは、フランスの研究者です。1930年頃、海洋深層水の低温性について研究するために汲みあげたのが始まりとされており、その後、低温安定性を利用した温度による発電や、冷房への利用研究など、様々な研究が行われています。
日本では、高知県が最初に海洋深層水を活用し、東北より北でしか育てられないため、南方ではあきらめられていたマコンブの栽培や、夏場に生育の悪かったワカメの栽培の二期作に成功しました。また、ウニや貝類の種苗の生存率を高めることにも成功しました。これらはすべて水深320mから汲みあげた海洋深層水を利用して実現したものです。
海洋深層水には、有機物がほとんど含まれず、有害な細菌が少ないといわれています。また窒素やリンなどの栄養分は、表層を流れている海水の数十倍から数千倍含まれていることから、飲料水をはじめ、食品、化粧品、タラソテラピーや足湯などの温浴施設など、様々な分野で利用されています。

FOM MARKET PLACE NEWS 特産品倶楽部 No.9　発行日：2023年9月1日

応用 P.58

① 次のようにページを設定しましょう。

日本語用のフォント：MSゴシック
英数字用のフォント：Arial
フォントサイズ　　：10ポイント
余白　　　　　　　：上 5mm ／ 下 10mm ／ 左・右 15mm

応用 P.15

② ページの色に、次のように塗りつぶし効果を設定しましょう。

パターン：うろこ
前景　　：青、アクセント1、白+基本色80%
背景　　：白、背景1

基礎 P.80,87-89,141

③ 「FOM MARKET PLACE NEWS」に、次のように書式を設定しましょう。

フォントサイズ　：22ポイント
斜体
文字の効果（影）：オフセット：右
フォントの色　　：青、アクセント5、黒+基本色50%
中央揃え

基礎 P.80,87,88,140

④ 「特産品倶楽部 No.9」に、次のように書式を設定しましょう。

フォント　　　：MSPゴシック
フォントサイズ：48ポイント
文字の効果　　：塗りつぶし：黒、文字色1；影
中央揃え

基礎 P.174,176

⑤ フォルダー「学習ファイル」の画像「特産品倶楽部」を挿入し、文字列の折り返しを「背面」に設定しましょう。

応用 P.66,70

⑥ 完成図を参考に、画像「特産品倶楽部」をトリミングし、「明るさ：+20% コントラスト：+20%」に調整しましょう。
※完成図を参考に、画像の位置とサイズを調整しておきましょう。

基礎 P.80,89

⑦ 「当店のバイヤーが厳選した毎月のおすすめ品や、期間限定のセール情報、お得なキャンペーン情報が満載です！」に、次のように書式を設定しましょう。

太字
中央揃え

基礎 P.139

⑧ 「潮目」に「しおめ」とルビを付けましょう。

応用 P.61,63

⑨ 文末に、フォルダー「**学習ファイル**」のテキストファイル「**海洋深層水**」を挿入し、書式をクリアしましょう。

基礎 P.88,141

⑩ 「今月のおすすめ品！」と「海洋深層水って何？」に次のように書式を設定しましょう。

フォント　：MSPゴシック **文字の効果：塗りつぶし：青、アクセントカラー1；影**

基礎 P.87,151

⑪ 「今月のおすすめ品！」と「海洋深層水って何？」の先頭文字に、次のようにドロップキャップを設定しましょう。

位置　　　　　　：本文内に表示 **ドロップする行数：3行**

次に、**「月のおすすめ品！」**と**「洋深層水って何？」**のフォントサイズを**「16」**ポイントに設定しましょう。

基礎 P.87,90,140

⑫ 「■三陸海洋深層水「Sea Water」1.5L×12本セット」と「■海洋深層水で作ったなめらか豆腐（4丁）」に、次のように書式を設定しましょう。

フォントサイズ：16ポイント **文字の効果　　：塗りつぶし：青、アクセントカラー1；影** **一重下線**

基礎 P.87-89

⑬ 「特別価格　¥2,800-　(税込)」と「特別価格　¥1,800-　(税込)」に、次のように書式を設定しましょう。

フォントサイズ：18 **フォントの色　：赤**

次に、**「¥2,800-」**と**「¥1,800-」**に、次のように書式を設定しましょう。

太字 **斜体**

基礎 P.86,87

⑭ 「三陸沖20,000m、…」「硬度300mg/Lで、…」「大豆本来の美味しさ…」「北海道産の最高級…」で始まる行に、箇条書きとして「➢」の行頭文字を設定しましょう。
次に、フォントサイズを「9」ポイントに設定しましょう。

基礎 P.153

⑮ 「海洋深層水とは、水深200m…」から「…様々な分野で利用されています。」までの文章を2段組みにしましょう。

基礎 P.174,176

⑯ フォルダー「学習ファイル」の画像「豆腐」を挿入し、文字列の折り返しを「前面」に設定しましょう。

応用 P.77

⑰ 画像「豆腐」の背景を削除しましょう。

応用 P.70

⑱ 画像「豆腐」を、「明るさ：0％（標準） コントラスト：+20％」に調整しましょう。
※完成図を参考に、画像の位置とサイズを調整しておきましょう。

応用 P.205

⑲ 画像「特産品倶楽部」に代替テキスト「魚」、画像「豆腐」に代替テキスト「豆腐」を設定しましょう。

基礎 P.80
応用 P.61,133

⑳ フッターに、文書「FOM MARKET PLACE NEWS」を挿入し、右揃えにしましょう。
次に、挿入した文書の下にある空白行を削除しましょう。

応用 P.133,136

㉑ フッターが下から8mmの位置に表示されるように変更しましょう。

HINT フッターの位置を調整するには、《ヘッダーとフッター》タブ→《位置》グループを使います。

応用 P.50

㉒ ページの背景も印刷されるように設定し、文書を1部印刷しましょう。

※文書に「Lesson35完成」と名前を付けて、フォルダー「学習ファイル」に保存し、閉じておきましょう。

Lesson 36 まとめ

標準解答 ▶

OPEN
Lesson36

あなたは、旅行会社に勤務しており、ぶどう狩り体験ツアーのしおりを作成することになりました。
完成図のような文書を作成しましょう。

●完成図

2023

山梨 de ぶどう狩り体験ツアー

収穫の秋！

主催

2023

■ツアー内容

日時　10 月 7 日（土）　9:10～18:30（予定）
場所　山梨県甲州市勝沼町
- 山梨園（昼食・ぶどう狩り）
- FOM ワイナリー（ワイナリー見学・試飲）

※交通状況により場所が前後することがあります。

■集合・解散場所

新宿駅西口　都庁前

「労働組合関東支部」と書かれた緑色の旗が目印です。

㊟時間厳守でお集まりください。（集合　9:10　／　解散　18:30）

都庁
9:10　集合
NSビル
都議会議事堂
郵便局
大学
センタービル
甲州街道
百貨店
西口ロータリー
京王線　新宿駅
JR線　新宿駅

※近辺の駐車場はご案内できません。公共の交通機関でお越しください。

■旅程表

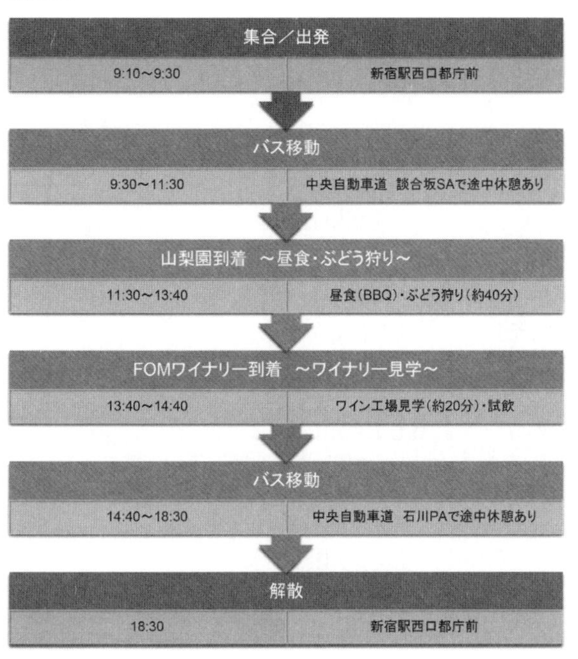

集合／出発
9:10～9:30
新宿駅西口都庁前
バス移動
9:30～11:30
中央自動車道 談合坂SAで途中休憩あり
山梨園到着 ～昼食・ぶどう狩り～
11:30～13:40
昼食（BBQ）・ぶどう狩り（約40分）
FOMワイナリー到着 ～ワイナリー見学～
13:40～14:40
ワイン工場見学（約20分）・試飲
バス移動
14:40～18:30
中央自動車道 石川PAで途中休憩あり
解散
18:30
新宿駅西口都庁前

※ぶどう狩りは「巨峰」「ピオーネ」を予定しておりますが、生育状況により変更となる場合があります。なお、お土産は「甲斐路」1kg です。
※時間はあくまでも目安です。交通状況により前後する場合があり
ください。

■緊急連絡先

当日の朝または旅行中に連絡をとりたい場合にご利用ください。
連絡先）080-2420-XXXX（山根）

■その他

- トイレ休憩については、サービスエリア・パーキングエリアでの休憩を予定しておりますが、万一トイレに行きたくなった場合は、早めに組合スタッフにお声をおかけください。
- 旅行中は傷害保険に加入しています。万一けがなどをされた場合は、組合スタッフまたは乗務員までご連絡ください。
- 旅行中に撮影した写真は、支部ホームページ、支部ニュース等に掲載することがあります。

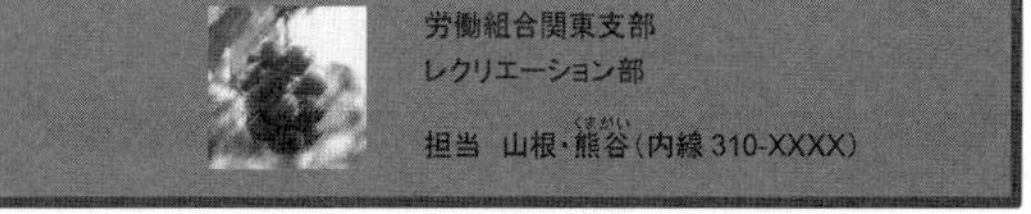

労働組合関東支部
レクリエーション部
担当 山根・熊谷（内線 310-XXXX）

基礎 P.164,165
応用 P.58

① 次のようにページを設定しましょう。

テーマ　　　　　：オーガニック
テーマのフォント：Arial　MSPゴシック　MSPゴシック
フォントサイズ　：12ポイント

応用 P.110

② 次のように見出しを設定しましょう。

1ページ1行目	「■ツアー内容」	：見出し1
1ページ8行目	「■集合・解散場所」	：見出し1
1ページ15行目	「■旅程表」	：見出し1
1ページ23行目	「■緊急連絡先」	：見出し1
1ページ27行目	「■その他」	：見出し1

※行数を確認する場合は、ステータスバーに行番号を表示します。
※1ページ目から順に見出しを設定した場合の、設定時の行数を記載しています。

基礎 P.87,88,140
応用 P.120

③ 見出し1のスタイルを次のように変更し、更新しましょう。

フォント　　　：游ゴシック
フォントサイズ：14ポイント
文字の効果　　：塗りつぶし：緑、アクセントカラー1；影
フォントの色　：緑、アクセント1、黒+基本色25%

基礎 P.86

④ 「山梨園（昼食・ぶどう狩り）」から「FOMワイナリー（ワイナリー見学・試飲）」までの行と、「トイレ休憩については、…」で始まる行から「旅行中に撮影した写真…」で始まる行までに、箇条書きとして「●」の行頭文字を設定しましょう。

基礎 P.83

⑤ 「山梨園（昼食・ぶどう狩り）」から「※交通状況により場所が前後することがあります。」までの行に、3文字分の左インデントを設定しましょう。

基礎 P.87,89,90

⑥ 「「労働組合関東支部」と書かれた緑色の旗が目印です。」に、次のように書式を設定しましょう。

フォントサイズ：14ポイント
太字
一重下線

基礎 P.88,137

⑦ 「時間厳守でお集まりください。…」の前に「㊟」を挿入しましょう。スタイルは「文字のサイズを合わせる」に設定し、フォントの色を「赤」にします。

応用 P.189

⑧ 「㊟時間厳守でお集まりください。…」の下の行に、フォルダー「学習ファイル」の文書「集合・解散場所地図」の地図を図として貼り付けましょう。
※完成図を参考に、図のサイズを調整しておきましょう。

基礎 P.183,184

⑨ 完成図を参考に、「吹き出し：角を丸めた四角形」の図形を作成し、「9:10□集合」と入力しましょう。
次に、図形にスタイル「枠線のみ-赤、アクセント4」を適用しましょう。

※□は全角空白を表します。
※完成図を参考に、図形の位置とサイズを調整しておきましょう。

HINT 図形の吹き出しの位置を変更するには、図形を選択→黄色の○（調整ハンドル）をドラッグします。

応用 P.23,26

⑩ 「■旅程表」の下の行に、SmartArtグラフィック「分割ステップ」を挿入しましょう。
次に、完成図を参考に図形を追加し、テキストウィンドウを使って次のように文字を入力しましょう。

集合／出発
　9:10～9:30
　新宿駅西口都庁前
バス移動
　9:30～11:30
　中央自動車道□談合坂SAで途中休憩あり
山梨園到着□～昼食・ぶどう狩り～
　11:30～13:40
　昼食（BBQ）・ぶどう狩り（約40分）
FOMワイナリー到着□～ワイナリー見学～
　13:40～14:40
　ワイン工場見学（約20分）・試飲
バス移動
　14:40～18:30
　中央自動車道□石川PAで途中休憩あり
解散
　18:30
　新宿駅西口都庁前

※□は全角空白を表します。

HINT
- 「分割ステップ」は、《手順》に分類されています。
- テキストウィンドウを使って項目を追加するには、文字の入力中に Enter を押します。
- テキストウィンドウ内の項目のレベルを変更するには、《SmartArtのデザイン》タブ→《グラフィックの作成》グループの ← レベル上げ （選択対象のレベル上げ）／ → レベル下げ （選択対象のレベル下げ）を使います。

応用 P.32,33

⑪ SmartArtグラフィックに、次のように書式を設定しましょう。

SmartArtのスタイル　：光沢
色の変更　　　　　　：カラフル-アクセント3から4
フォントサイズ　　　：11ポイント

次に、**「集合／出発」「バス移動」「山梨園到着　～昼食・ぶどう狩り～」「FOMワイナリー到着　～ワイナリー見学～」「バス移動」「解散」**のフォントサイズを**「14」**ポイントに設定しましょう。
※完成図を参考に、SmartArtグラフィックのサイズを調整しておきましょう。

基礎 第1章 第2章 第3章 第4章 第5章 第6章 第7章 応用 第1章 第2章 第3章 第4章 第5章 第6章 第7章 第8章 まとめ

応用 P.36

⑫ 完成図を参考に、文末に横書きテキストボックスを作成し、次のように入力しましょう。

> 労働組合関東支部↵
> レクリエーション部↵
> 担当□山根・熊谷（内線310-XXXX）

※↵で Enter を押して改行します。
※□は全角空白を表します。

基礎 P.139

⑬ 「熊谷」に「くまがい」とルビを付けましょう。

基礎 P.83
応用 P.40

⑭ テキストボックスに、次のように書式を設定しましょう。

> 左インデント　　　：14文字
> 図形の塗りつぶし：赤、アクセント4、白+基本色40%
> 図形の枠線　　　：赤、アクセント4、黒+基本色25%
> 枠線の太さ　　　：4.5pt

※完成図を参考に、テキストボックスの位置とサイズを調整しておきましょう。

基礎 P.174,176

⑮ フォルダー「学習ファイル」の画像「ぶどう」を挿入し、文字列の折り返しを「前面」「ページ上の位置を固定」に設定しましょう。

応用 P.66,72

⑯ 完成図を参考に、画像「ぶどう」を縦横比「1:1」でトリミングしましょう。
次に、画像にアート効果「パステル:滑らか」を設定しましょう。
※完成図を参考に、画像の位置とサイズを調整しておきましょう。

応用 P.127

⑰ 組み込みスタイル「モーション」を使って表紙を挿入し、次のように編集しましょう。

> 年　　　：2023
> タイトル：山梨deぶどう狩り体験ツアー
> 作成者名：削除
> 会社名　：主催：労働組合関東支部
> 日付　　：2023年10月1日

基礎 P.87-89

⑱ 表紙のコンテンツコントロールに、次のように書式を設定しましょう。

●タイトル

斜体

●会社名、日付

フォントサイズ：14ポイント フォントの色　：黒、テキスト1

応用 P.69

⑲ 表紙の画像を、フォルダー「学習ファイル」の画像「シャインマスカット」に変更しましょう。

HINT 画像を変更するには、《図の形式》タブ→《調整》グループの［図の変更］（図の変更）を使います。

基礎 P.183,185

⑳ 表紙に、「スクロール：横」の図形を作成し、「収穫の秋！」と入力しましょう。

基礎 P.87,184,185
応用 P.75

㉑ ⑳で作成した図形に、次のように書式を設定しましょう。

フォントサイズ：22ポイント 図形のスタイル：パステル-オレンジ、アクセント5 図形の枠線　　：曲線

次に、完成図を参考に、図形を回転しましょう。
※完成図を参考に、図形の位置とサイズを調整しておきましょう。

応用 P.203,205

㉒ アクセシビリティチェックを実行しましょう。
次に、エラーとしてチェックされたオブジェクトを、次のように設定しましょう。

●装飾用

グループ453（表紙の図形）

●代替テキストの設定

図1（画像「シャインマスカット」）	：シャインマスカット
図1（地図の図）	：集合場所の地図
図表3（SmartArtグラフィック）	：旅程表
図5（画像「ぶどう」）	：ピオーネ

HINT アクセシビリティチェックの検査結果からオブジェクトを装飾用に設定するには、《検査結果》の《エラー》の一覧から設定する項目の［v］→《装飾用にする》を使います。

※文書に「Lesson36完成」と名前を付けて、フォルダー「学習ファイル」に保存し、閉じておきましょう。
※文書「集合・解散場所地図」を保存せずに閉じておきましょう。

Lesson37 まとめ

標準解答 ▶

OPEN
- Lesson37
- 予約表

あなたは、企業の健康保険組合に勤務しており、直営保養所の案内を作成することになりました。
完成図のような文書を作成しましょう。

●完成図

直営保養所「八重湖畔荘」のご案内

八重湖畔荘について

長野県茅野市温泉郷のほど近く、保養所や別荘地が立ち並ぶ緑の木立の中に広がる八重湖畔荘は、古風な数寄屋造りが昔懐かしい日本情緒を醸し出す保養所です。良質な源泉から湧き出る掛け流し温泉は、一日でお肌がすべすべになるとご好評をいただいています。
広々としたお部屋からは、八重連山や八重湖を見渡せ、ゆっくりとした時間を過ごせます。
周辺には各種ミュージアムも多く、スキーやハイキング、釣り、テニス、ゴルフと、四季を通じて様々なレジャーをお楽しみいただけます。

施設のご案内

- 住　　　所：〒391-0301
  長野県茅野市北山 1050-XXXX
- T　E　L：0266-67-XXXX
- チェックイン：15 時
- チェックアウト：10 時
- 客　室　数：15 室
- 駐　車　場：10 台
- 施 設 案 内：お食事処「さくら」
  セミナールーム
  プレイルーム（卓球・カラオケ施設など）
- 浴　　　場：美肌の湯（露天風呂）・富士の湯
- 備　　　品：タオル／浴衣／スウェット／歯ブラシ／ひげそり／ドライヤー

宿泊料金

利用区分	平日料金	休前日料金	お食事代
被保険者および扶養者、定年退職者とその配偶者	¥2,800	¥3,600	夕食¥3,300 朝食¥1,100
被扶養者以外の 2 親等内の親族	¥3,500	¥4,000	
上記以外および業務利用の場合	¥5,800	¥6,600	

※　表示金額は大人 1 名様 1 泊あたりの宿泊料金（税込）です。

※　子ども（小学生）の宿泊料金は大人の半額、幼児（未就学児童）の宿泊料金は無料です。

6月　空室･休館情報

部屋タイプ		1	2	3	4	5	6	7	8	9	10	11	12	13	14	15	16	17	18	19	20	21	22	23	24	25	26	27	28	29	30
		木	金	土	日	月	火	水	木	金	土	日	月	火	水	木	金	土	日	月	火	水	木	金	土	日	月	火	水	木	金
2名	洋室	-	-	-	-	-	-	休	-	-	-	-	-	-	休	-	-	-	-	-	-	休	-	-	-	-	-	-	休	-	-
		-	-	-	-	-	-	休	-	-	-	-	-	-	休	-	-	-	-	-	-	休	-	-	-	-	-	-	休	-	-
		○	○	-	-	○	-	休	-	-	-	-	-	○	休	○	-	-	-	-	○	休	-	-	-	-	-	-	休	○	-
3名	洋室	○	-	-	-	○	-	休	-	-	-	○	-	○	休	○	-	-	-	-	○	休	-	-	-	○	○	○	休	○	-
		○	-	-	-	-	-	休	-	○	-	-	-	○	休	○	-	-	-	○	-	休	-	-	-	-	-	○	休	○	-
		-	-	-	-	-	-	休	-	○	-	-	-	○	休	○	-	-	-	○	○	休	-	-	-	-	-	-	休	○	-
4名	和室	○	-	-	-	-	-	休	-	○	-	-	-	○	休	○	-	-	-	-	○	休	○	-	-	-	-	-	休	-	-
		○	-	-	-	-	-	休	-	○	-	-	-	○	休	○	-	-	-	-	○	休	-	-	-	-	○	○	休	-	-
	洋室	-	-	-	-	-	○	休	-	○	-	-	-	○	休	○	-	○	-	-	○	休	-	-	-	-	-	-	休	-	-
		○	○	-	-	-	○	休	-	○	-	-	-	○	休	○	-	-	○	-	-	休	-	-	-	○	-	-	休	○	-
5名	和室	-	○	-	-	-	-	休	-	○	-	-	-	-	休	-	○	-	-	-	-	休	-	-	-	-	-	○	休	-	○
		-	-	-	-	-	-	休	-	-	-	-	-	○	休	-	○	-	-	-	-	休	-	-	-	-	-	-	休	-	○
		○	○	-	-	○	-	休	-	-	-	-	○	○	休	-	○	-	-	-	○	休	-	○	-	-	○	-	休	-	○
6名	和洋室	○	-	-	-	-	○	休	-	-	-	-	○	-	休	-	-	-	○	○	○	休	-	-	-	-	-	○	休	○	-
8名	和室	-	-	○	-	-	○	休	-	-	-	-	○	○	休	○	-	-	-	○	-	休	○	-	-	-	○	-	休	-	-

○：空室　　ー：予約済み　　休：定休日

※　上記は5月21日現在の空室状況です。最新の空室状況は、ホームページ（https://hoyoujyo.xx.xx/）をご覧ください。

ご予約・お問い合わせは、保養所予約センターまで

受付時間：土日・祝日を除く平日（月～金）9時～17時　TEL：045-738-XXXX　内線：540-XXX

基礎 P.65,165
応用 P.13

① 次のようにページを設定しましょう。

余白	：やや狭い
テーマの色	：緑

基礎 P.80,87,88,140

② 「直営保養所「八重湖畔荘」のご案内」に、次のように書式を設定しましょう。

フォント	：MSPゴシック
フォントサイズ	：28ポイント
文字の効果	：塗りつぶし：緑、アクセントカラー1；影
中央揃え	

応用 P.110

③ 次のように見出しを設定しましょう。

1ページ2行目	「八重湖畔荘について」	：見出し1
1ページ9行目	「施設のご案内」	：見出し1
1ページ22行目	「宿泊料金」	：見出し1
1ページ32行目	「6月　空室・休館情報」	：見出し1

※行数を確認する場合は、ステータスバーに行番号を表示します。
※1ページ目から順に見出しを設定した場合の、設定時の行数を記載しています。

基礎 P.87-89,129,141
応用 P.120

④ 見出し1のスタイルを次のように変更し、更新しましょう。

フォント	：MSPゴシック	
フォントサイズ	：11ポイント	
太字		
文字の効果（影）	：オフセット：下	
フォントの色	：緑、アクセント1、黒＋基本色50%	
段落罫線	：囲む	
	種類	――――――
	線の色	緑、アクセント1
	線の太さ	1pt
	網かけ	ライム、アクセント2、白＋基本色60%
段落前の間隔	：0.5行	

HINT 網かけを設定するには、《ホーム》タブ→《段落》グループの（罫線）の→《線種とページ罫線と網かけの設定》→《網かけ》タブを使います。

基礎 P.86

⑤ 「住所…」「TEL…」「チェックイン…」「チェックアウト…」「客室数…」「駐車場…」「施設案内…」「浴場…」「備品…」の行に、箇条書きとして「●」の行頭文字を設定しましょう。

基礎 P.136

⑥ 「住所」「TEL」「チェックイン」「客室数」「駐車場」「施設案内」「浴場」「備品」を7文字分の幅に均等に割り付けましょう。

基礎 P.83

⑦ 「長野県茅野市北山1050-XXXX」「セミナールーム」「プレイルーム（卓球・カラオケ施設など）」の行に10文字分の左インデントを設定しましょう。

基礎 P.174,176
応用 P.21,65,205

⑧ フォルダー「**学習ファイル**」の画像「**温泉**」を挿入し、文字列の折り返しを「**前面**」「**ページ上の位置を固定**」に設定しましょう。
次に、画像に代替テキスト「**温泉**」を設定しましょう。
※完成図を参考に、画像の位置とサイズを調整しておきましょう。

基礎 P.110

⑨ 完成図を参考に、宿泊料金の表の2行目と3行目の間に1行挿入し、次のように文字を入力しましょう。

被扶養者以外の2親等内の親族	￥3,500	￥4,000	

基礎 P.113,114

⑩ 表全体の列の幅をセル内の最長のデータに合わせて、自動調整しましょう。
次に、表の2～4列目の列の幅を等間隔にそろえましょう。

基礎 P.116

⑪ 表の2～4行4列目のセルを結合しましょう。

基礎 P.126,127

⑫ 表にスタイル「**グリッド（表）4-アクセント2**」を適用しましょう。
次に、1列目の強調を解除しましょう。

基礎 P.88,118,119

⑬ 表の1行目のフォントの色を「**黒、テキスト1**」に設定し、文字をセル内で「**中央揃え**」に設定しましょう。
次に、2行2列目から4行4列目までの文字をセル内で「**中央揃え（右）**」に設定しましょう。

基礎 P.121

⑭ 表全体を行の中央に配置しましょう。

基礎 P.142

⑮ 「**※上記は5月21日現在の空室状況です。最新の…**」の段落に設定されている書式を、「**表示金額は大人1名様…**」と「**子ども（小学生）の宿泊料金は…**」の段落にコピーしましょう。

基礎 P.65
応用 P.216,219

⑯ 「**6月　空室・休館情報**」から次のページに表示されるようにセクション区切りを挿入し、次のように2ページ目を設定しましょう。

余白　　　：狭い 印刷の向き：横

応用 P.184

⑰ 「 ○ :空室 － :予約済み 休 :定休日」の上の行に、Excelのブック「**予約表**」のセル範囲【A1:AF17】を貼り付けましょう。
次に、表全体の列幅をセル内の最長のデータに合わせて、自動調整しましょう。

HINT 表内の文字に合わせて列幅を変更するには、《レイアウト》タブ→《セルのサイズ》グループの（自動調整）を使います。

基礎 P.88,89,138

⑱ 「 ○ :空室 － :予約済み 休 :定休日」に太字を設定しましょう。
次に、「 ○ 」「 － 」「 休 」に囲み線を設定し、「休」のフォントの色を「**濃い赤**」に設定しましょう。

基礎 P.147

⑲ 「 － 」を約10字の位置、「 休 」を約22字の位置にそれぞれそろえましょう。

基礎 P.89

⑳ 「ご予約・お問い合わせは、保養所予約センターまで」に太字を設定しましょう。

基礎 P.80,129

㉑ 「ご予約・お問い合わせは、…」で始まる行と「受付時間：土日・祝日を除く…」で始まる行に、次のように書式を設定しましょう。

> **中央揃え**
> **網かけ：ライム、アクセント3、白+基本色40%**

※文書に「Lesson37完成」と名前を付けて、フォルダー「学習ファイル」に保存し、閉じておきましょう。
※Excelのブック「予約表」を保存せずに閉じておきましょう。

標準解答 ▶

OPEN

Lesson38

あなたは、文学部に在籍する大学生で、研究レポートを作成することになりました。完成図のような文書を作成しましょう。

●完成図

「空のクジラ」研究

文学部文学研究科 佐々木ひ

目次

文学部文学研究科 佐々木ひとみ 1

1 書籍

篠崎綺羅「空のクジラ」
初出:「空のクジラ」1999 年 10 月 21 日　日本幻想社(文芸詩楽)
初収:「空のクジラ」2005 年 4 月 20 日　彼方文芸社(彼方文芸文庫)

2 研究の目的と方法

主人公『私』は地上に対する天国をどのように捉えているのか。天国と地上の関係、およびクジラと『私』の関係を踏まえたうえで分析していきたい。

3 書籍概要

主人公『私』はバーでつぶらな瞳の男「クジラ」に出会う。『私』は男の歌声をきっかけに、自分がかつて天使だったことを思い出し、自分が天使でなくなってからのことを話しだす。その夜、『私』は男を自宅に泊め、天国が地上に降ってくる夢を見る。次の日、『私』は彼の残した天国の匂いを吸い込みながら、天国はすでに地上に降ってきているのかもしれないと思う。

4 分析

①「天国」とは何か

天国には「神」「天使」が存在する。神に背いた天使が「堕天使」となる。

神　:意志や記憶をもつと発狂する存在。真理を語ろうとするものを戒める。空と一体になって生き、空の真理(流れ・音・色・関係など)は不変だと信じる。

天使　:意志や記憶をもたず、ただ生息する存在。

堕天使　:意志や記憶をもち、論理を語る存在。悪(空の真理を論理で語ろうとすること)を犯したとして、天国を追放され地上に落ちてきた天使。

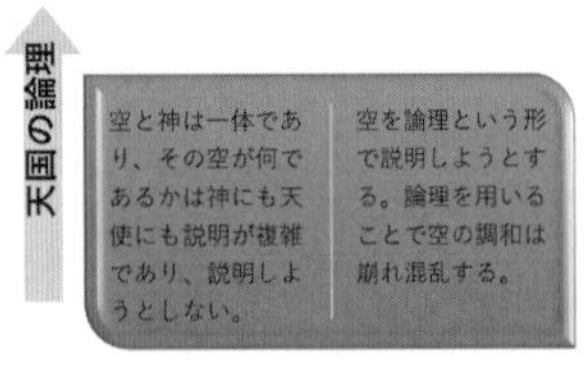

②「クジラ」とは何か

- 繁華街のタクシー乗り場に落ちてきた堕天使。
- 動物のようなつぶらな瞳をもつ。(堕天使は、落ちた場所にいる生物の平均的な
- 『私』にとって、とても懐かしい顔。

- 美声をもち、『歌』を上手く歌う。
  『誰の耳とも親しくないが、そんな歌だった』
  『私の関節という関節、血管という血管、内臓という内臓にこだまし、私の記憶のもっとも奥深いところより、数センチ下にもぐり込んだあの頃の感覚を呼び起こした』
  ↓
  宙に舞い上がっていく感覚
- クジラは天使と人間の中間的存在であり、『地上にはどんな音があるのか確かめたかった』ために地上に自分から落ちてくる。
- 夢をまだ見ることができない。→『まだ意識は天国にある』
  ↓
  天国から地上へやってきた異端者なのか

③『私』にとっての「地上の生活」

- 地上生活は天使の悪夢。死ぬほど退屈な繰り返し。
  『広大な海の一点に直径 1 センチの穴を掘って住みつく魚のように、地上人は誰しも家を作って住みついている。そして時間が来ると、家から出てゆき、再び迷うことなく戻ってくる』
- この繰り返しは『私』に課せられた拷問。

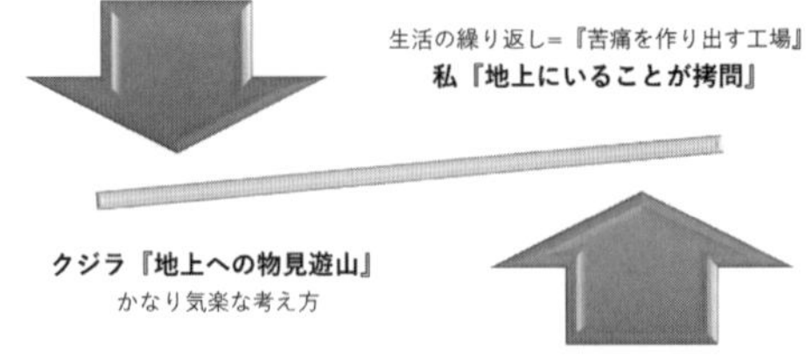

④『私』は何を考えているか

- 『私』は、真理への依存を否定している。
  『地上的・地獄的解釈こそ天使や神は耳を傾けるべきなのだ』
  『空の真理は不変だと信じる奴のほうが傲慢なのだ』
- 堕天使の仕事として『地上に天国もどきを作ること』を夢見ているが、空の真理を地上の論理で語るだけでは、作ることができないことがわかっている。
  ↓
  論理ではなく共感しあえる場所を作ることが必要
  『天国に対する明確なイメージを多くの地上人がもつようになれば可能なこと』
- 地上人が、「共感」という手段で、空の真理を理解することで、堕天使の楽園(天国とも地上とも異なる新しい世界)が作られる。堕天使の楽園は、天国も地上も否定していくことで作り上げられる。

5 考察

悪魔に自分の能力を売った『私』にとって、『空の真理』に依存した生き方をする天国は『甘えた』感じのものなのだろう。しかし、『私』は悪魔ではない。天国と悪魔の中間的存在の堕天使という位置にいて、その居場所を失っているのではないだろうか。

天国の繰り返しのない世界と地上の繰り返しに満ちた苦痛の世界を、『私』は対立関係にあるものと捉えており、その天国と地上の同一化を望んでいる。天国と地上が同一化することによって、堕天使である『私』は自分の居場所を作ろうとしているのではないだろうか。そのために天使の真理への完全な依存や悪魔の論理とは異なった『共感』という地上の感覚を用いることで、人間たちの地上とつながりをもとうとした。

またクジラとの出会いによって、『私』は天国と地上の距離を改めて見つめなおすことになる。音という手段で天国と地上のつながりをもつクジラに対して、『私』は夢という形で天国と地上を結びつけて、天使や悪魔のそれとも異なる、地上における堕天使の楽園を作りだしたかったのだろう。

基礎 P.65,165
応用 P.13

① 次のようにページを設定しましょう。

余白　　　　　　：やや狭い
テーマのフォント：Century Schoolbook　MSP明朝　MSP明朝

応用 P.110

② 次のように見出しを設定しましょう。

1ページ3行目	「書籍」	：見出し1
1ページ7行目	「研究の目的と方法」	：見出し1
1ページ10行目	「書籍概要」	：見出し1
1ページ15行目	「分析」	：見出し1
1ページ16行目	「「クジラ」とは何か」	：見出し2
1ページ31行目	「『私』にとっての「地上の生活」」	：見出し2
2ページ2行目	「「天国」とは何か」	：見出し2
2ページ10行目	「『私』は何を考えているか」	：見出し2
3ページ1行目	「考察」	：見出し1

※行数を確認する場合は、ステータスバーに行番号を表示します。
※1ページ目から順に見出しを設定した場合の、設定時の行数を記載しています。

基礎 P.87,89,129,144
応用 P.19,120

③ 見出し1、見出し2のスタイルを次のように変更し、更新しましょう。

●見出し1

フォントサイズ：14ポイント
段落罫線　　　：位置　　　段落の下
　　　　　　　　種類　　　══════
　　　　　　　　線の色　　青、アクセント1
　　　　　　　　線の太さ　1.5pt
行間　　　　　：固定値　　18ポイント
段落前の間隔　：1行

●見出し2

太字

応用 P.124

④ 見出し1と見出し2に、次のようにアウトライン番号を設定しましょう。それぞれの番号に続く空白の扱いはスペースにします。

見出し1：1
見出し2：①
　　　　左インデントからの距離「0mm」

HINT　レベルに使用する番号の種類を変更するには、《このレベルに使用する番号の種類》を使います。

応用 P.32,33 ⑤ 文書内のSmartArtグラフィックに、次のように書式を設定しましょう。

●2ページ目の上側のSmartArtグラフィック

フォント：游ゴシック
色の変更：カラフル-アクセント5から6

●2ページ目の下側のSmartArtグラフィック

フォント：游ゴシック

応用 P.170,171 ⑥ 変更履歴を表示して、変更内容を次のように反映しましょう。

1ページ8行目　：承諾
1ページ17行目：元に戻す
1ページ18行目：元に戻す
3ページ13行目：承諾

応用 P.198 ⑦ 文書のプロパティに、次のように情報を設定しましょう。

タイトル：「空のクジラ」研究
作成者　：文学部文学研究科□佐々木ひとみ

※□は全角空白を表します。

応用 P.127 ⑧ 組み込みスタイル「オースティン」を使って表紙を挿入し、次のように編集しましょう。

要約　　　　：削除
サブタイトル：削除

応用 P.139 ⑨ 見出しスタイルの設定されている項目を抜き出して、2ページ2行目に次のように目次を作成しましょう。

ページ番号　　　　：右揃え
書式　　　　　　　：ファンシー
アウトラインレベル：2

次に、本文が目次の次のページから始まるように改ページを挿入しましょう。

応用 P.113 ⑩ ナビゲーションウィンドウを使って、見出し「③「天国」とは何か」を見出し「①「クジラ」とは何か」の前に移動しましょう。

応用 P.133,136 ⑪ 組み込みスタイル「**レトロスペクト**」を使って、フッターに作成者とページ番号を挿入しましょう。
次に、フッターが表紙のページに表示されないようにし、下からのフッター位置を「5mm」に設定しましょう。

応用 P.141 ⑫ 目次をすべて更新しましょう。

基礎 P.204 ⑬ 文書に「**提出用**」と名前を付けて、PDFファイルとしてフォルダー「**学習ファイル**」に保存しましょう。
保存後、PDFファイルを表示します。
※PDFファイルを閉じておきましょう。

応用 P.206 ⑭ 文書にパスワード「password」を設定しましょう。
次に、文書に「**Lesson38完成**」と名前を付けて、フォルダー「Word2021ドリル」のフォルダー「**学習ファイル**」に保存し、閉じましょう。

応用 P.207 ⑮ フォルダー「**学習ファイル**」の文書「**Lesson38完成**」を開きましょう。

※文書「Lesson38完成」を閉じておきましょう。

おわりに

最後まで学習を進めていただき、ありがとうございました。38種類の練習問題はいかがでしたか？

基礎編では、Wordの基本操作や文字入力に始まり、様々な場面を想定した文書作成のLesson。応用編では、図形や図表、写真を使ったデザイン性のある文書作成や、差し込み印刷、文書を校閲する機能のLesson。まとめ編では、全体を総復習できるLessonと、Wordの機能を段階的に組み込んだ練習問題をご用意いたしました。

機能の習得はもちろんですが、「Wordを使うと、こんなステキな文書が作れるんだ！」と思っていただけるように、学習ファイルにも力を入れて準備いたしました。
学習を通してWordを好きになってもらえたら、うれしいです。

また、自力で操作できなかった問題があったら、ぜひもう一度、HINTや標準解答を見ずにチャレンジしてみてください。練習問題を繰り返すことで、操作が身に付くはずです。

本書での学習を終了された方は、「よくわかる」シリーズの次の書籍をおすすめします。

「よくわかる Excel 2021ドリル」は、本書と同じように、「よくわかる Excel 2021基礎」「よくわかる Excel 2021応用」で学習した機能を使った練習問題です。Excelは自己流で使っているから、じっくり学習する必要はないという方にも、より効率的に機能の習得ができるのでオススメです。Let's Challenge!!

FOM出版

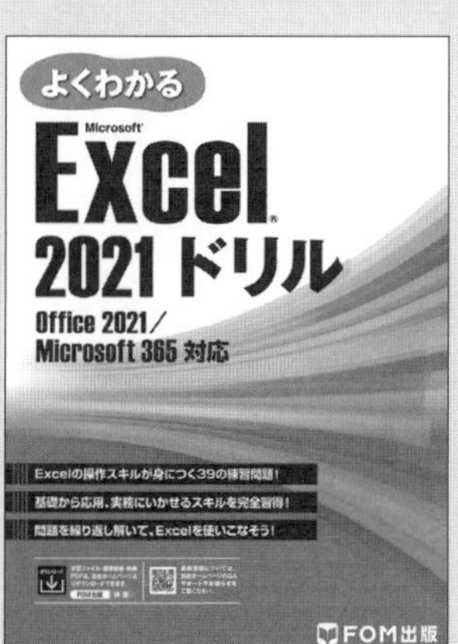

よくわかる

Microsoft® Word 2021 ドリル

Office 2021/Microsoft 365 対応

(FPT2222)

2023年３月30日　初版発行

著作／制作：株式会社富士通ラーニングメディア

発行者：青山　昌裕

発行所：FOM(エフオーエム)出版（株式会社富士通ラーニングメディア）
〒212-0014 神奈川県川崎市幸区大宮町１番地５ JR川崎タワー
https://www.fom.fujitsu.com/goods/

印刷／製本：アベイズム株式会社

●本書に関するご質問は、ホームページまたはメールにてお寄せください。
<ホームページ>
上記ホームページ内の「FOM出版」から「QAサポート」にアクセスし、「QAフォームのご案内」からQAフォームを選択して、必要事項をご記入の上、送信してください。
<メール>
FOM-shuppan-QA@cs.jp.fujitsu.com
なお、次の点に関しては、あらかじめご了承ください。
・ご質問の内容によっては、回答に日数を要する場合があります。
・本書の範囲を超えるご質問にはお答えできません。　・電話やFAXによるご質問には一切応じておりません。

ISBN978-4-86775-032-2